# A Engenharia e os Engenheiros na Sociedade Brasileira

O GEN | Grupo Editorial Nacional reúne as editoras Guanabara Koogan, Santos, Roca, AC Farmacêutica, Forense, Método, LTC, E.P.U. e Forense Universitária, que publicam nas áreas científica, técnica e profissional.

Essas empresas, respeitadas no mercado editorial, construíram catálogos inigualáveis, com obras que têm sido decisivas na formação acadêmica e no aperfeiçoamento de várias gerações de profissionais e de estudantes de Administração, Direito, Enfermagem, Engenharia, Fisioterapia, Medicina, Odontologia, Educação Física e muitas outras ciências, tendo se tornado sinônimo de seriedade e respeito.

Nossa missão é prover o melhor conteúdo científico e distribuí-lo de maneira flexível e conveniente, a preços justos, gerando benefícios e servindo a autores, docentes, livreiros, funcionários, colaboradores e acionistas.

Nosso comportamento ético incondicional e nossa responsabilidade social e ambiental são reforçados pela natureza educacional de nossa atividade, sem comprometer o crescimento contínuo e a rentabilidade do grupo.

# A Engenharia e os Engenheiros na Sociedade Brasileira

**Pedro Carlos da Silva Telles**
Engenheiro pela antiga Escola Nacional de Engenharia
(hoje, Escola Politécnica da UFRJ)
Professor aposentado da Escola Politécnica da UFRJ e do
Instituto Militar de Engenharia (IME)
Engenheiro aposentado da Petrobras

O autor e a editora empenharam-se para citar adequadamente e dar o devido crédito a todos os detentores dos direitos autorais de qualquer material utilizado neste livro, dispondo-se a possíveis acertos caso, inadvertidamente, a identificação de algum deles tenha sido omitida.

Não é responsabilidade da editora nem do autor a ocorrência de eventuais perdas ou danos a pessoas ou bens que tenham origem no uso desta publicação.

Apesar dos melhores esforços do autor, do editor e dos revisores, é inevitável que surjam erros no texto. Assim, são bem-vindas as comunicações de usuários sobre correções ou sugestões referentes ao conteúdo ou ao nível pedagógico que auxiliem o aprimoramento de edições futuras. Os comentários dos leitores podem ser encaminhados à **LTC — Livros Técnicos e Científicos Editora** pelo e-mail ltc@grupogen.com.br.

Direitos exclusivos para a língua portuguesa
Copyright – 2015 by
**LTC — Livros Técnicos e Científicos Editora Ltda.**
**Uma editora integrante do GEN | Grupo Editorial Nacional**

Reservados todos os direitos. É proibida a duplicação ou reprodução deste volume, no todo ou em parte, sob quaisquer formas ou por quaisquer meios (eletrônico, mecânico, gravação, fotocópia, distribuição na internet ou outros), sem permissão expressa da editora.

Travessa do Ouvidor, 11
Rio de Janeiro, RJ – CEP 20040-040
Tels.: 21-3543-0770 / 11-5080-0770
Fax: 21-3543-0896
ltc@grupogen.com.br
www.ltceditora.com.br

Capa: Leônidas Leite
Imagens: © Sofiaworld | Dreamstime.com, © Tomas Stasiulaitis | Dreamstime.com, © Digitscape | Dreamstime.com e © Brianguest | Dreamstime.com
Editoração Eletrônica: UNA | União Nacional de Autores

---

CIP-BRASIL. CATALOGAÇÃO NA PUBLICAÇÃO
SINDICATO NACIONAL DOS EDITORES DE LIVROS, RJ

T275e

Telles, Pedro Carlos Silva, 1925-
A engenharia e os engenheiros na sociedade brasileira / Pedro Carlos Silva Telles. - 1. ed. - Rio de Janeiro : LTC, 2015.
il. ; 23 cm.

Inclui bibliografia e índice
ISBN 978-85-216-2716-6

1. Engenharia - Brasil. I. Título.

14-16030.                  CDD: 620.00981
                                 CDU: 62(81)(091)

*À memória de minha mulher querida
Vera Alves de Lima da Silva Telles.*

# Prefácio

Já passou a época na qual um estudante tinha que escolher sua profissão entre as áreas de Engenharia, Medicina, Direito ou Economia.

Nos dias de hoje, existem inúmeras opções para jovens que estão buscando um futuro promissor no Brasil: cursos de designer de jogos digitais, designer de joias, cinema e televisão, moda, tecnologia em alimentos, mecatrônica, ciências da computação, gastronomia, entre outros, estão entre os mais novos e atrativos.

Porém, a realidade é que profissões tradicionais podem e precisam voltar a ser valorizadas, se quisermos garantir um futuro ainda melhor para as próximas gerações em nosso país.

Como você verá nas próximas páginas, "enquanto profissões como a Medicina existem em função de alguma imperfeição humana, a Engenharia, independe dessas imperfeições, já que os engenheiros se dedicam a construir, e não a corrigir uma imperfeição humana"; por isso, somos tão dependentes dela para nosso desenvolvimento como sociedade.

Nesta obra, meu avô, autor do livro, conta a história da evolução do papel do engenheiro e da engenharia na sociedade brasileira desde a época colonial até os dias de hoje.

Engenheiro há mais de 50 anos, é um apaixonado pela profissão, em parte por sua história familiar, já que é neto e sobrinho de ilustres engenheiros brasileiros, em parte pela carreira de professor e escritor que construiu justamente para ter a oportunidade de compartilhar seus conhecimentos e paixão pela Engenharia com colegas, alunos ou mesmo desconhecidos.

Seu legado de obras na área da engenharia e em específico este livro, nos fazem reconhecer a importância de mudarmos o posicionamento dos engenheiros frente aos novos desafios presentes em nossa sociedade já que sem a valorização de sua liderança e prestígio não alcançaremos o desenvolvimento sustentável em nosso país.

*Daniela Pacheco da Costa*
Administradora e neta do autor.

# Sobre o autor

Engenheiro, formado em 1947 pela Escola Nacional de Engenharia Politécnica da Universidade Federal do Rio de Janeiro (UFRJ), trabalhou no Arsenal de Marinha do Rio de Janeiro, na Shell do Brasil e durante mais de 20 anos na Petrobras.

Foi professor da Escola Politécnica da UFRJ, de 1963 a 1995 e do Instituto Militar de Engenharia (IME) até 2005.

É ainda sócio titular do Instituto Histórico e Geográfico Brasileiro (IHGB); membro titular da Academia Nacional de Engenharia (ANE) e da Academia Brasileira de Engenharia Militar (ABEMI); filiado à Associação Brasileira de Preservação Ferroviária (ABPF) e à Sociedade Brasileira de História da Ciência (SBHC).

## Trabalhos publicados do autor

### Livros

- História da Engenharia no Brasil - Séculos XVI a XIX (1984, 1994).
- História da Engenharia no Brasil - Século XX (1993).
- História da Construção Naval no Brasil (2001).
- A Construção Naval no Brasil (2004).
- Escola Politécnica da UFRJ - A Mais Antiga das Américas, 1792: das origens à atualidade (2010).
- História da Engenharia Ferroviária no Brasil (2011).

**Livros técnicos**

- Tubulações Industriais – Materiais, Projeto e Montagem (LTC, 1968, atualmente na 10.ª edição).
- Tabelas e Gráficos para Projetos de Tubulações (1976, atualmente na 7.ª edição).
- Materiais para Equipamentos de Processo (1976, atualmente na 6.ª edição).
- Tubulações Industriais – Cálculo (LTC, 1982, atualmente na 4.ª edição).
- Vasos de Pressão (LTC, 1991, atualmente na 2.ª edição).

Além de artigos técnicos e técnico-históricos publicados em diversas revistas no Brasil e no exterior.

# Sumário

Capítulo 1 . . . . . . . . . . . . . . . . . . . . . . . . . . . . . . . . . . . . 1
Capítulo 2 . . . . . . . . . . . . . . . . . . . . . . . . . . . . . . . . . . . . 5
Capítulo 3 . . . . . . . . . . . . . . . . . . . . . . . . . . . . . . . . . . . 11
Capítulo 4 . . . . . . . . . . . . . . . . . . . . . . . . . . . . . . . . . . . 17
Capítulo 5 . . . . . . . . . . . . . . . . . . . . . . . . . . . . . . . . . . . 25
Capítulo 6 . . . . . . . . . . . . . . . . . . . . . . . . . . . . . . . . . . . 35
Capítulo 7 . . . . . . . . . . . . . . . . . . . . . . . . . . . . . . . . . . . 49
Capítulo 8 . . . . . . . . . . . . . . . . . . . . . . . . . . . . . . . . . . . 59
Capítulo 9 . . . . . . . . . . . . . . . . . . . . . . . . . . . . . . . . . . . 69
Capítulo 10 . . . . . . . . . . . . . . . . . . . . . . . . . . . . . . . . . . 75
Capítulo 11 . . . . . . . . . . . . . . . . . . . . . . . . . . . . . . . . . . 81
Capítulo 12 . . . . . . . . . . . . . . . . . . . . . . . . . . . . . . . . . . 93
Capítulo 13 . . . . . . . . . . . . . . . . . . . . . . . . . . . . . . . . . 101
Capítulo 14 . . . . . . . . . . . . . . . . . . . . . . . . . . . . . . . . . 109
Capítulo 15 . . . . . . . . . . . . . . . . . . . . . . . . . . . . . . . . . 117
Capítulo 16 . . . . . . . . . . . . . . . . . . . . . . . . . . . . . . . . . 125
Bibliografia . . . . . . . . . . . . . . . . . . . . . . . . . . . . . . . . . . 131
Índice . . . . . . . . . . . . . . . . . . . . . . . . . . . . . . . . . . . . . 135

Capítulo 1

Há um paradoxo na relação entre a nossa sociedade e a engenharia e os engenheiros: enquanto é enorme a influência que sempre teve e continua tendo a engenharia em todos os aspectos da vida humana, a influência dos engenheiros na sociedade sempre foi e continua sendo muito pequena. É esse paradoxo que vamos tentar analisar aqui.

Poucas são as atividades humanas — se é que existe alguma outra — que tenham tido através dos tempos maior influência sobre a vida humana do que as obras de engenharia. Se não existissem os inumeráveis produtos da atuação dos engenheiros, a humanidade toda estaria ainda na Idade da Pedra Lascada, no tempo do homem das cavernas! Porque, afinal de contas, quase tudo o que nos cerca é, de uma forma ou de outra, o resultado da atuação e do trabalho dos engenheiros: prédios e outras construções para todas as finalidades, estradas de todos os tipos, pontes, viadutos, túneis, portos, aeroportos, usinas elétricas e sistemas elétricos, redes e sistemas de águas e de esgotos, veículos e produtos industriais de todos os tipos, sistemas de telecomunicações, etc., que seria uma infindável enumeração.

Todos nós, do século XXI, estamos de tal forma habituados à existência e à utilização rotineiras de todos esses bens que nem podemos imaginar como seria a vida sem tudo isso, e nem nos lembramos que todas essas coisas foram o resultado de trabalhos de pesquisa, de estudo e de projeto de muitos e muitos engenheiros, e que, para a realização material da maioria desses bens, há também a contribuição do trabalho dos engenheiros.

Entretanto, por paradoxal que possa parecer, por diversos motivos que serão estudados a seguir, a engenharia e os engenheiros nunca tiveram grande influência na nossa sociedade: desde os primeiros tempos coloniais, e até hoje, poucas vezes os engenheiros estiveram presentes — ou estiveram presentes como fator decisivo — nos grandes centros de decisões estratégicas, inclusive nos casos de decisões de natureza técnica ou predominantemente técnica. Mesmo quando estiveram presentes, às vezes outras razões — políticas, eleitoreiras, demagógicas, etc. — prevaleceram sobre a opinião dos engenheiros.

O fato é que pouca gente se dá conta de como os engenheiros são úteis e necessários, e de como seria a vida humana se eles não existissem. Quantas pessoas que ao entrar em um prédio moderno, entrar em um veículo ou simplesmente ligar em casa a sua televisão serão capazes de se lembrar de que esses gestos aparentemente tão corriqueiros custaram o trabalho e a massa cinzenta às vezes de gerações sucessivas de engenheiros? Certamente muito poucas pessoas.

É interessante observar, como chamava atenção o Prof. Dulcídio de Almeida Pereira — ilustre professor de física da velha Escola Politécnica do Rio de Janeiro —, que o engenheiro é um dos poucos profissionais de nível superior cuja existência não é decorrente de algum defeito ou imperfeição humana. Isto é, se imaginarmos uma humanidade ideal, absolutamente perfeita, na qual todos os indivíduos fossem perfeitos no corpo e no espírito, os médicos, dentistas, farmacêuticos, psicólogos, etc. seriam desnecessários, porque não haveria doenças, os advogados, juízes, etc. seriam desnecessários, porque não haveria brigas e disputas, os militares também seriam desnecessários, porque não haveria guerras, e assim por diante para outras profissões. Entretanto, nessa humanidade perfeita, os engenheiros continuariam necessários e indispensáveis, e talvez até mais prestigiados, porque se dedicam a construir e não a tentar corrigir uma imperfeição humana.

Capítulo 2

Antes de analisarmos a perspectiva histórica de atuação do engenheiro e de sua influência na sociedade, vale a pena uma referência à função e à responsabilidade social da engenharia. Essa referência é necessária porque, enquanto para algumas profissões — médico, padre, juiz, professor, policial, etc. — a sua função social é imediatamente evidente a todos, para o engenheiro isso não é tão evidente. O engenheiro lida com números, cálculos e materiais da natureza, e por isso a sua função social pode parecer para muitas pessoas como um aspecto secundário ou até irrelevante de sua atividade profissional.

Entretanto, nada mais falso! A função social da engenharia não é uma atividade secundária, mas uma decorrência intrínseca da própria profissão. Tudo o que o engenheiro faz, dentro de sua profissão, se destina, em última análise, a satisfazer alguma necessidade humana e, portanto, uma necessidade social: um prédio destina-se a moradia, ao trabalho ou ao lazer de seres humanos, as estradas e os veículos destinam-se ao transporte de pessoas ou de mercadorias, que, por sua vez, se destinam a satisfazer necessidades humanas, as indústrias destinam-se a produzir bens que também vão atender às necessidades humanas, e assim por diante, para quaisquer outros projetos ou obras de engenharia: portos, usinas e sistemas elétricos, obras públicas, sistemas de comunicações, etc.

É por isso que a melhor definição de engenharia ainda é a que foi enunciada em 1828, pelo engenheiro inglês Thomas Tredgold:

> A arte de dirigir as grandes fontes de energia da natureza para o uso e a conveniência do homem.

Assim, é muito importante que os engenheiros tenham sempre em vista a finalidade social de tudo o que fazem, porque as pessoas — a quem se destinam todos os projetos e obras de engenharia — têm o direito a que suas necessidades sejam atendidas da melhor maneira possível.

Além disso, a própria execução material dos projetos e das obras é também realizada por seres humanos, e por isso deve também ser uma preocupação fundamental na atividade do engenheiro dar as melhores condições de trabalho a todos esses seus colaboradores, mesmo os mais humildes. Esse é, aliás, um aspecto importantíssimo da função social do engenheiro: o fato de ser o agente do alargamento, da expansão e da diversificação do mercado de trabalho, dando assim ocupação, salário e um sentido de utilidade na vida a muitos milhares de pessoas.

Por isso, a atuação do engenheiro deverá ser, antes de qualquer coisa, produzir obras que concorram para o bem da sociedade, subordinando sempre as suas decisões às exigências dessa mesma sociedade.

Qualquer obra de engenharia deve sempre procurar atender a quatro objetivos: funcionalidade, segurança, economia e estética. Isto é, a obra deve resultar funcional, atendendo o melhor possível à finalidade a que se destina; deve ser segura, procurando-se, o mais possível, evitar acidentes quer na execução da obra quer depois na sua utilização; deve ter o menor custo possível; e, finalmente, deve ter um aspecto estético agradável. Note-se que dessas quatro condições somente a última — que também é importante — tem um caráter subjetivo, porque o que agrada esteticamente a alguém pode, com igual direito, desagradar a outros. As outras três condições são, por natureza, essencialmente objetivas: a obra ou atende bem à sua finalidade ou não atende, ou é segura ou não é, ou é econômica ou não é.

Por ordem de importância, pode-se dizer que desses quatro objetivos os dois primeiros são essenciais, e não podem ser sacrificados, em nenhuma hipótese, a pretexto, por exemplo, de melhor atender aos outros dois objetivos. Isto é, em nenhuma obra de engenharia pode-se permitir que a funcionalidade e a segurança sejam sacrificadas com intenção de baixar os custos ou melhorar a sua estética. Infelizmente, não são raras as obras que não atendem satisfatoriamente a finalidade a que se destinam, bem como não atendem a segurança ou resultam em custos desnecessariamente elevados.

Um engenheiro pode falhar no exercício de sua profissão principalmente por uma ou mais das quatro seguintes razões:

1. Ignorância ou incompetência em relação ao assunto do projeto ou da obra em questão.
2. Desídia, isto é, quando não se trata de ignorância ou incompetência, mas sim de desleixo ou desinteresse em relação aos serviços sob sua responsabilidade. Essa é, com frequência, uma falta bem mais grave do que a anterior.
3. Ganância, e, por que não dizer, associada ou não à falta de caráter. Faltas gravíssimas, quando o serviço é propositalmente malfeito, ou feito com custo abusivo, visando obter um maior lucro.
4. Covardia, quando um profissional faz um serviço malfeito, tendo consciência disso, por medo de desobedecer a uma ordem superior.

Devido justamente à finalidade social — intrínseca a qualquer obra de engenharia —, uma falha nunca é sem consequências, e é importante que os engenheiros sempre se conscientizem disso. A consequência poderá ser grave, ou gravíssima, quando uma única falha pode resultar em um grande desastre ou mesmo em uma catástrofe.

Capítulo 3

É nisso que consiste a responsabilidade social da engenharia.

Infelizmente não são raros os casos em que os engenheiros não avaliam devidamente ou não se dão conta dessa responsabilidade, isto é, das consequências sociais e humanas daquilo que projetam ou daquilo que constroem. Uma das razões dessa negligência — principalmente entre os mais jovens — é porque a responsabilidade social da engenharia não costuma ser enfatizada, ou sequer mencionada, nos currículos das escolas: aprende-se a lidar com os materiais e com as leis físicas, mas não se aprende a lidar com seres humanos. Ensinam-lhes como projetar e como construir com economia e segurança, mas não lhes ensinam a encarar os problemas humanos consequentes das obras, ou como evitar ou minimizar esses problemas. O elemento humano é reduzido simplesmente a um número ou a um fator de produção — assim como os materiais —, e não visto como o destinatário final de qualquer atividade de engenharia. É necessário por isso rever os programas escolares para neles incluir matérias de caráter social e humano; voltaremos mais adiante a esse assunto.

É importante assinalar que a nossa responsabilidade tem aumentado consideravelmente com o passar do tempo devido ao progresso tecnológico proporcionado pela própria engenharia. As nossas obras em geral — prédios, pontes, estradas, usinas, barragens, sistemas elétricos, navios, aviões, etc. — têm se tornado maiores, mais valiosas, e também, em muitos casos, mais audaciosas e de maior risco. Assim, as consequências de uma falha tendem a se tornar também cada vez maiores, se não catastróficas.[1] Tempos atrás, cada cidade tinha sua própria usina elétrica, e, por isso, as consequências de uma pane afetavam apenas a própria cidade. Atualmente os sistemas elétricos são interligados em grande extensão, e assim uma falha que ocorra reflete-se sobre um grande território, um país inteiro, e, às vezes, até mais. O desabamento de uma pequena casa ou de uma pequena ponte, como existiam antigamente, é muito diferente do desabamento de um grande prédio ou de um importante viaduto. E assim por diante para quase todos os campos da engenharia. É o progresso tecnológico e a globalização tendendo a, cada vez mais, aumentar a responsabilidade dos engenheiros.

Os engenheiros não apenas constroem, mas também projetam todos os tipos de obras de engenharia, e ainda operam fábricas, usinas, refinarias, sistemas elétricos e de comunicações, redes de águas e de esgotos, etc. Assim, as falhas podem acontecer em três níveis: nos projetos, nas obras ou na operação.

Uma grande causa de prejuízo e também de descrédito para os engenheiros e para a própria engenharia são as obras paralisadas. Nós engenheiros sabemos perfeitamente o que representa em termos de prejuízos uma obra interrompida: perda e deterioração de materiais e equipamentos, deterioração — às vezes irrecuperável — da própria obra, desmonte de equipes profissionais, etc. A paralisação de uma obra não depende somente dos engenheiros. Depende também — e até com mais frequência — da decisão de outras pessoas que muitas vezes não avaliam, ou não têm condições de avaliar, corretamente todos os danos resultantes da paralisação de uma obra. É por isso de nossa obrigação alertar, explicar e insistir junto às autoridades e a todas as outras pessoas envolvidas, fazendo-as ver a extensão e a gravidade dos prejuízos consequentes. A bem da verdade, cumpre dizer que não são poucos os casos em que também temos

---

[1]As consequências da má engenharia podem ser gravíssimas. Acidentes como os que ocorreram em Chernobyl, Bhopal (Índia) e no Mar de Aral (Cazaquistão/Uzbequistão) ilustram bem esse fato.

alguma responsabilidade sobre as obras paralisadas: são as obras mal planejadas ou incorretamente orçadas, as obras inoportunas, fora da realidade ou feitas principalmente — ou somente — para atender a interesses políticos ou a outros interesses subalternos.

Todos nós sabemos que qualquer obra tem um custo. Existe sempre um custo financeiro e existem também — com frequência — um custo social e um custo ecológico. O importante em qualquer obra de engenharia é que o custo total — isto é, a soma de todos os custos listados anteriormente —, que representa, afinal de contas, o que a sociedade paga pela obra, seja amplamente compensado por um benefício social decorrente dessa obra, certamente muitas vezes maior que o custo.

O custo financeiro é fácil de ser quantificado, e, na maioria das vezes, é o único que é considerado, sendo de notar que dentro desse custo a parcela correspondente propriamente à engenharia é sempre muito pequena. Para os outros custos não é tão fácil a sua avaliação.

O custo social é, por exemplo, o prejuízo material e moral causado por desapropriações, a deterioração da qualidade de vida causada pela obra ou pela execução da obra nas áreas vizinhas, e outros prejuízos e incômodos causados a terceiros em consequência da obra. O custo ecológico é a agressão à natureza — principalmente quando de caráter irreversível — causada pela obra.

Se possível, e quando possível, o custo social e o custo ecológico devem ser zero. Quando não possível — e infelizmente é o que acontece na maioria dos casos —, todos os esforços devem ser feitos para que esses custos sejam mínimos.

Infelizmente tem havido casos em que esses aspectos não foram devidamente considerados: é comum citar-se, por exemplo, a construção, no início do século XX, da Avenida Central — depois denominada Rio Branco — e mais tarde, na década de 1940, da Avenida Presidente Vargas, ambas no Rio de Janeiro. Foram duas grandes obras de engenharia que trouxeram inegáveis vantagens e progresso à cidade, mas para as quais não houve qualquer providência para solucionar, ou minimizar, as consequências da demolição de centenas de casas no centro da cidade, com o resultante desalojamento de considerável população.

Lamentavelmente também, e até com relativa frequência, o progresso material proporcionado pelas obras de engenharia tem trazido efeitos negativos, danos ecológicos e sociais, piora na qualidade de vida e até aumento na violência. Nós engenheiros, como principais agentes responsáveis por esse progresso, temos de verificar se não nos cabe alguma responsabilidade por esses efeitos negativos. Se o mundo está se tornando desumano devido ao progresso tecnológico, é necessário que ajudemos a descobrir de que forma ele poderá ser humanizado.

Além da função social da engenharia — a engenharia entendida como uma entidade abstrata —, temos que considerar também a função social do engenheiro como ser humano.

Como indivíduo, isto é, como pessoa humana, o engenheiro não pode perder de vista a função social de sua profissão, e também atuar como um condutor de homens. Quase todos os engenheiros terão de comandar homens, mestres, contramestres, projetistas, desenhistas, operários, etc., e mesmo outros engenheiros.

Comandar significa dar e transmitir ordens — bem como receber ordens de seus superiores —, instruir e treinar, avaliar, premiar e eventualmente punir, além de organizar e dirigir o trabalho. Não são tarefas fáceis.

Hoje em dia não há quem não considere importante — ou melhor, essencial à vida moderna — a atuação do engenheiro, e é mesmo difícil imaginar como seria possível a vida da sociedade sem que existissem os inumeráveis bens, de todo tipo, resultantes da atividade do engenheiro. Por isso é necessário que nós engenheiros saibamos também valorizar a nossa profissão, para corresponder ao que a sociedade dela espera.

# Capítulo 4

A pequena influência dos engenheiros na sociedade tem razões históricas muito antigas em nosso país.

Pode-se dizer que a engenharia e os engenheiros só começaram a ter alguma influência na sociedade a partir da segunda metade do século XIX. Até então, essa influência foi muito pequena, devido a uma série de fatores, principalmente de ordem cultural e social.

Em primeiro lugar, havia no Brasil uma longa tradição de relativo desprezo por todas as profissões técnicas, tradição essa herdada ainda da desconsideração medieval pelas chamadas *artes mecânicas*, conservada na sociedade colonial, e também na sociedade portuguesa, de onde descendemos. Essa mentalidade, que influía decisivamente na escolha das pessoas para todos os cargos importantes, bem como na estrutura do ensino, considerava as profissões técnicas e as atividades da indústria e do comércio como, de certa forma, inferiores, e por isso não tão dignas das pessoas mais bem dotadas e mais capazes, que deveriam ser advogados, eclesiásticos, militares, ou quando muito médicos. A esse propósito, é sintomática a atitude do Barão de Mangaratiba, grande fazendeiro de café na província do Rio de Janeiro e pai do ilustre engenheiro Francisco Pereira Passos, que a custo se conformou com a profissão escolhida pelo filho, porque achava que "filho de um barão do Império tinha que estudar Direito, para vir a ser ministro, senador, ou quem sabe presidente do Conselho". Ser engenheiro, assim como ser industrial ou mesmo negociante, era situação que não podia ser aceita pela maioria dos jovens daquele tempo: essas atividades, segundo opinião generalizada, eram destinadas aos poucos inteligentes, aos que estivessem sofrendo algum castigo, ou aos deserdados da sorte.[1]

É interessante assinalar que em todo o mundo, quando no início do século XVII começou a se estruturar em bases científicas, a engenharia era uma profissão exclusivamente para plebeus, e assim continuou a ser por muito tempo. Naquela época, as únicas profissões que um nobre podia exercer, sem descer da sua dignidade, eram as profissões das armas, das leis e da religião.

Note-se que entre o final do século XVII e o início do XIX, até 1830, aproximadamente, houve aqui no Brasil certa influência no governo de homens de formação técnica, influência essa que desapareceu por completo no restante do século XIX, quando o governo brasileiro, em todos os níveis, ficou inteiramente dominado pelos bacharéis, e um pouco pelos militares. Esses homens de formação técnica a que estamos nos referindo não eram propriamente engenheiros, como hoje entendemos, mas diplomados em "Filosofia Natural" em universidades europeias, curso que compreendia o estudo de física, química, geologia, mineralogia e outras ciências correlatas.

Desses, o mais importante foi José Bonifácio de Andrada e Silva — o "Patriarca da Independência" —, destacando-se ainda os nomes de Manoel Ferreira da Câmara Bittencourt e Sá — o "Intendente Câmara" —, Vicente Seabra Telles e José Álvares Maciel, todos notáveis cientistas em química e mineralogia.

O desapreço brasileiro pelos trabalhos técnicos, ou até por qualquer trabalho material em geral, era fortemente influenciado pela existência do escravo: para muita gente trabalho era sinô-

---

[1] Como assinala José Murilo de Carvalho em seu livro *A Construção da Ordem*, sobre a elite dirigente no Brasil do século XIX, a predominância maciça de advogados no governo vinha de longe: na realidade vinha, em tempos remotos, de uma decisão das Cortes de Coimbra em 1385, determinando que todos os cargos mais altos da burocracia estatal fossem ocupados por homens de formação jurídica.

nimo de atividade servil. Esse desprezo era antigo no Brasil: vinha dos tempos da colônia. Como disse Fernando de Azevedo, "produto da época e das condições de vida social da metrópole, transferiu-se para a Colônia, com os costumes, os usos e a religião, a mentalidade para a qual a liberdade se tornou sinônimo de ociosidade, e o trabalho, qualquer coisa de equivalente a servidão". Já no século XVIII, em Minas Gerais, J. J. Teixeira Coelho, nas *Instruções para o Governo da Capitania*, dizia que "não há um homem branco ou uma mulher branca que queiram servir, porque se persuadem de que lhes fica mal um emprego, que eles entendem só compete aos escravos". Essa mentalidade, que perdurou até depois da abolição da escravatura, e que ainda tem resíduos até hoje, foi notada e criticada por estrangeiros que aqui estiveram, como o ministro francês Conde de Gobineau, que se escandalizou com a ociosidade em que viviam os aristocratas brasileiros.

Como assinala Jorge Caldeira, biógrafo do Visconde de Mauá, nas sociedades escravagistas o desprezo pelo trabalho marcava a distinção entre o homem livre e o escravo. Fugir do trabalho material era uma necessidade imperiosa até mesmo para os que não tinham outra opção na vida a não ser ganhar o pão com o suor do rosto. Essa fuga ao trabalho chegava às vezes às raias do ridículo, como era o caso de operários livres (pedreiros, carpinteiros, marceneiros, etc.) que quando tinham de sair à rua com suas ferramentas arranjavam um escravo para levar as ferramentas, por vergonha de parecerem trabalhadores.

A mentalidade de horror ao trabalho começou timidamente a mudar com a Abertura dos Portos. Como nota Gilberto Freyre, foi a chegada dos estrangeiros, principalmente dos ingleses, que muito contribuiu para o início dessa mudança. Os ingleses, ricos e com situação privilegiada no Brasil daqueles tempos, eram essencialmente práticos e progressistas, e assim valorizavam as profissões técnicas a que muitos deles se dedicavam.

O engenheiro e o técnico estrangeiro que para aqui vieram viram-se lançados em um meio não só desconhecido para eles como também completamente diferente em costumes e mentalidade. E, talvez o maior choque cultural entre o estrangeiro e a nossa população tenha sido justamente a maneira de encarar o trabalho material. Para o estrangeiro o trabalho era uma atividade digna como outra qualquer, e não apenas relegada aos escravos. É ainda Gilberto Freyre que nos conta uma história que se passou com o engenheiro inglês James W. Wells, que aqui esteve, por volta de 1868, na construção da E.F.D. Pedro II: tendo ele resolvido um dia tirar o casaco e arregaçar as mangas para melhor ensinar a um grupo de operários o modo de assentar tijolos, observou que, para os brasileiros presentes, inclusive os engenheiros, deixara de ser o "doutor". Não compreendiam estes um "doutor" de mangas arregaçadas, sujo de barro, metido entre os operários como se fosse um deles.

A proibição colonial do estabelecimento de indústrias e a mão de obra escrava que foi até certa época abundante e barata eram poderosos fatores de desestímulo a qualquer progresso técnico e, portanto, a qualquer desenvolvimento da engenharia. Mesmo depois de revogadas as proibições coloniais esse desestímulo continuou a existir, porque a economia nacional passou a se basear quase exclusivamente na agricultura de exportação de café e de açúcar, que, fundada na mão de obra escrava, dispensava os melhoramentos técnicos que a engenharia poderia proporcionar.

Desde os tempos coloniais, conservado durante o Império e com reflexo até hoje, o ensino no Brasil era, como diz Fernando de Azevedo, "quase exclusivamente literário, livresco e retórico... uma cultura demasiadamente verbal, demasiadamente afastada do concreto e das humildes realidades terrestres...". Esse ensino, destinado especificamente à formação de letrados e eruditos, não favorecia nem estimulava qualquer desenvolvimento técnico ou científico. Como disse certa vez na Câmara dos Deputados o grande Ruy Barbosa, insuspeito para falar desse assunto, o nosso ensino formava pessoas "incapazes de ver a natureza presente, mas capazes de sustentar com todas as pompas da retórica as hipóteses mais inverificáveis sobre a existência do incognoscível... formava um povo de palradores e ideólogos".

Por todos esses motivos, na sociedade brasileira tradicional, e, de certa forma, com reflexos até hoje, ainda que atenuados, quem tinha valor era o político, o fazendeiro rico, o advogado, o militar, e depois o padre e o médico, cabendo ao engenheiro uma posição nitidamente secundária.

É interessante observar que até meados do século XIX os engenheiros eram considerados somente — ou principalmente — como profissionais militares, isto é, como construtores de fortificações e de outras obras e atividades de caráter estratégico-militar. Era assim, aliás, que a palavra "engenheiro" era tratada nos dicionários daquela época. O *Diccionario Bluteau*, da língua portuguesa (1789), por exemplo, definia engenheiro como "o que se aplica à engenharia, faz engenhos ou máquinas bélicas para o ataque ou defesa de praças, que sabe de fortificações, da arte de tirar planos, medir geométrica ou trigonometricamente... o que faz quaisquer máquinas". No famoso *Diccionário Moraes*, de 1831, encontra-se uma definição análoga. Ainda em 1859, o *Novo Dicionário da Língua Portuguesa*, de Eduardo de Faria, definia *engenheiro* como o "oficial que sabe arquitetura militar e dirige os trabalhos para o ataque e defesa de praças...", mostrando assim como era arraigado o conceito de engenheiro como um profissional militar. Até o Código Civil Brasileiro, de 1915, do eminente jurista Clóvis Beviláqua, refere-se apenas ao empreiteiro, ao construtor e ao arquiteto quando trata dos direitos, obrigações e responsabilidades de quem faz uma obra: diante da lei, a figura do engenheiro, como hoje a entendemos, ainda não existia.

Note-se que o termo *engineer* (engenheiro), em inglês, tem também o sentido de maquinista, ou de mecânico, o que causou bastante confusão, e algumas fraudes, entre estrangeiros que vieram para o Brasil.

Sobre esses assuntos é curioso observar que o termo *engenheiro* teve no Brasil, desde os primeiros tempos, o sentido também de dono ou capataz de engenho, que eram as primitivas e às vezes toscas instalações para o fabrico de açúcar, cachaça, farinha, etc., o que, de certa forma, também serviu para depreciar a posição do engenheiro.

Capítulo 5

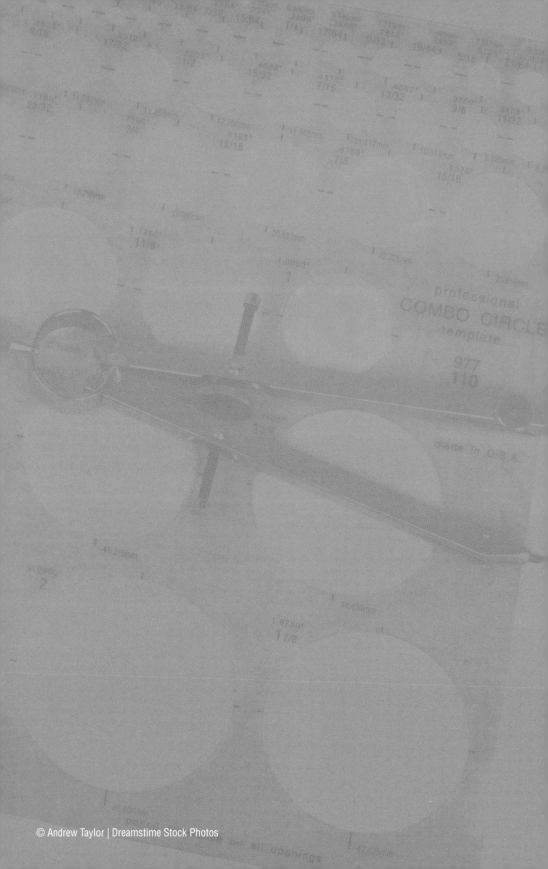

Além do desprestígio da profissão havia ainda a concorrência desleal de toda sorte de indivíduos não diplomados, e também de estrangeiros, com muita frequência igualmente não diplomados. Essa concorrência era desleal, porém consentida pela legislação da época, e somente em 1933 passou a existir no Brasil uma regulamentação legal do exercício da profissão do engenheiro.

Até por volta de 1920, era mínima a participação de engenheiros brasileiros na construção predial, dominada largamente pela atuação de profissionais não diplomados, mesmo porque essas construções consistiam, em sua maioria, em prédios de até dois ou, excepcionalmente, três pavimentos, não apresentando por isso nenhum interesse estrutural e assim não atraindo nem necessitando de engenheiros. Os profissionais não diplomados eram os "chamados engenheiros práticos", "construtores licenciados" e mestres de obras, todos eles tendo como aprendizado apenas a experiência, e cujo grau de instrução e de competência era muito variável: alguns havia que pela longa prática podiam dar lições a muito engenheiro novato, enquanto outros eram ignorantes e analfabetos, esses últimos com o agravante da inexistência de qualquer legislação que regulamentasse a responsabilidade pelas obras. A atuação de engenheiros ou arquitetos diplomados na construção predial foi uma exceção, quase que somente em prédios públicos ou em algumas residências aristocráticas.

Foi a introdução e depois a extraordinária divulgação do concreto armado, a partir de cerca de 1910, que começaram a mudar completamente essa situação, já que as estruturas de concreto armado exigiam cálculos e conhecimentos fora do alcance dos mestres de obras, necessitando assim da participação de engenheiros em grande parte das construções prediais. O engenheiro passou então, em relação à construção civil, "de um simples observador de construção a um dos mais perfeitos do mundo", nas palavras do Prof. Noronha.

Ainda assim, hoje em dia, em boa parte das construções prediais que são feitas em nosso país, principalmente para as populações de baixa renda, não há a interveniência de nenhum engenheiro, embora haja disposições legais exigindo a participação de algum profissional diplomado.

Até bem mais tarde, e mesmo atualmente, ainda se encontram pessoas alheias à engenharia exercendo função privativa de engenheiros. Uma pesquisa da revista *Direção*, de 1962, mostrava que não existia praticamente nenhuma grande companhia no Brasil relacionada com a engenharia "que não se visse forçada (*sic*) a confiar a não diplomados funções que normalmente exigem engenheiros", citando inclusive os casos de duas importantes empresas metalúrgicas, uma das quais empregava 12 pessoas não diplomadas em cargos técnicos cabíveis somente a engenheiros, e outro onde um médico (!) exercia funções de engenheiro metalúrgico. No total, essa pesquisa acusava a presença de 17 "engenheiros não diplomados", em um universo de 197 pessoas.

Os engenheiros brasileiros também sempre lutaram contra a concorrência estrangeira, luta infelizmente nem todas as vezes muito leal, e que aliás continua até hoje. Já em 1916, o Eng. Luiz Rodolfo Cavalcanti de Albuquerque Filho queixava-se das companhias estrangeiras no Brasil, onde "só estrangeiros ocupavam posições de destaque independentemente de seus méritos, havendo brasileiros somente em cargos subalternos", citando nominalmente várias empresas em que tal situação era norma.

Um dos casos mais rumorosos de concorrência estrangeira, que resultou em muita polêmica, foi a contratação, em 1920, de firmas construtoras americanas e inglesas para a construção de barragens, estradas e outras obras públicas no Nordeste, pela antiga Inspetoria Federal de Obras Contra as Secas. Essas obras faziam parte de um grande programa do governo Epitácio Pessoa, e a discussão em torno desse fato foi carregada de aspectos emocionais de lado a lado. O Eng. Paulo de Frontin, que era na ocasião deputado federal, tomou a defesa da classe (depois foi oficialmente encarregado dessa defesa pelo Clube de Engenharia), e da tribuna da Câmara protestou com veemência contra o ato do governo, enfatizando que esse protesto nada tinha de xenofobia, apresentando na ocasião uma longa lista de engenheiros estrangeiros, de várias nacionalidades, muito bem recebidos por seus colegas brasileiros, porque se reconhecia neles a contribuição que vinham trazer à engenharia nacional e ao país. Entretanto, nesse caso, ele considerava escandalosa e desnecessária essa contratação porque as obras em questão estavam sendo conduzidas a contento por firmas e engenheiros nacionais. O governo, por sua vez, defendeu-se dizendo "que só a má-fé ou o melindre exagerado podiam ver nesse ato manifestação de desapreço à engenharia nacional", mas que a contratação de estrangeiros era necessária para apressar as obras, devido ao seu grande vulto, que ultrapassava a capacidade prática e financeira das firmas nacionais. De fato, como se verificou depois, nenhum dos dois lados tinha inteiramente razão: as obras realmente ultrapassavam as possibilidades das firmas brasileiras, mas os estrangeiros cometeram graves erros, devido ao total desconhecimento das nossas condições locais, de que resultaram despesas e prejuízos, que teriam sido evitados caso as obras fossem entregues a nacionais. Embora os contratos tenham sido afinal assinados pelo governo, os protestos valeram uma justificação formal do então Ministro da Viação e Obras Públicas, José Pires do Rio, que era também engenheiro.

A concorrência desleal não era só com os profissionais não diplomados e com os estrangeiros: havia também os charlatães, de várias espécies e várias origens, cuja atuação fraudulenta era facilitada pela ignorância geral em assuntos técnicos nos meios governamentais e, de um modo mais amplo, na elite dirigente do país. Há casos incríveis. Desses, talvez o mais inacreditável seja o episódio da "máquina para fazer navios navegar sem vento e sem vapor" (sic), que João Francisco de Madureira Pará, antigo capelão e amanuense em Belém, dizia ter inventado em 1825, como conta o Almirante Juvenal Greenhalgh. O pretenso "inventor", que conseguiu iludir autoridades, ministros de Estado e até o próprio Imperador, obteve a fabulosa verba de 230 contos, além de um navio, para experimentar o seu invento, que evidentemente nunca apareceu. Esse mesmo aventureiro chegou também a fazer parte, em 1827, da primeira diretoria da Sociedade Auxiliadora da Indústria Nacional, ao lado de muitos nomes ilustres e respeitáveis. Naquela época, o número de charlatães e de falsos engenheiros, inclusive a serviço do governo, não devia ser pequeno, mas só em 1880 foi promulgada uma lei específica contra esse abuso (Lei n.º 3.001, de outubro de 1880), dizendo que os "engenheiros civis, geógrafos e agrimensores, e bacharéis formados em matemática, nacionais e estrangeiros, não poderão tomar posse de empregos ou comissões do governo sem apresentar seus títulos e cartas de habilitação".

Essa lei referia-se apenas ao serviço público: fora dele, os "curiosos", "mestres de obras" e "engenheiros práticos" poderiam continuar a agir à vontade. Curioso dessa lei foi a exceção aberta pouco depois, pelo Decreto n.º 8.159, de julho de 1881, com referência aos engenheiros ingleses, para os quais "bastaria a apresentação de diploma de sócio efetivo do Instituto de Engenharia Civis de Londres", porque não havia na Grã-Bretanha nenhuma escola que conferisse diplomas formais de engenheiro!

Um século depois, os charlatães ainda agiam à vontade, e às vezes interferiam até em assuntos importantes, tumultuando-os seriamente. Um dos campos em que esses indivíduos mais atuaram foi a pesquisa de petróleo, o que não foi aliás uma exclusividade brasileira. Há fatos incríveis, como o caso de um tal "Dr. F. B. Romero", que se apresentava como um engenheiro mexicano, e que aqui apareceu munido de um "indicador de óleo e gás", aparelho "infalível" de sua invenção, capaz de instantaneamente localizar qualquer jazida petrolífera nas profundezas do subsolo. Esse espertalhão conseguiu ludibriar muita gente importante e bem-intencionada — inclusive o conhecido escritor José Bento Monteiro Lobato —, influir na imprensa e causar uma tremenda confusão antes de ser desmascarado.

Além dos curiosos e charlatães, ainda houve no século XX pelo menos duas tentativas de formação do que se poderia chamar de "engenheiros de segunda classe", que depois de um fácil curso de apenas três anos teriam os mesmos direitos e regalias dos engenheiros de formação normal. Essa esdrúxula ideia foi proposta pela antiga Estrada de Ferro Central do Brasil, em 1943, em uma ocasião em que havia falta de engenheiros: o tal curso expediria diplomas de "engenheiros ferroviários", e para o ingresso nesse curso bastaria uma simples prova de suficiência, não sendo nem exigida a conclusão do curso secundário! Felizmente para todos, esse estranho curso nunca chegou a funcionar, morrendo o projeto no nascedouro. Do mesmo gênero foram os denominados "engenheiros operacionais", que chegaram até a obter registro nos CREA — anomalia surgida no final da década de 1950, e felizmente também de curta duração. O curso desses tais "engenheiros" era também de três anos, contra cinco dos cursos regulares.

Antigamente, os engenheiros, além de desprestigiados, eram também às vezes ameaçados, como aconteceu com o francês Boyer, um dos auxiliares do conhecido engenheiro francês Louis L. Vauthier, que foi diretor de obras em Pernambuco em 1840/50. Boyer, tendo se encarregado do projeto de abastecimento de água no Recife, foi ameaçado de morte pelos capangas do magnata que explorava, por meio de seus escravos, o transporte e a distribuição de água em canoas e barris, caso continuasse com aquele projeto.

Os engenheiros tinham ainda, às vezes, de enfrentar situações hoje em dia nem sequer imaginadas. Basta um exemplo: em janeiro de 1871 houve uma colisão de trens na antiga São Paulo Railway, da qual resultaram um morto e cerca de trinta feridos.

Imediatamente, antes de qualquer inquérito ou investigação, o promotor público mandou prender e trancafiar na cadeia o engenheiro inglês Daniel M. Fox — superintendente da estrada — e mais outro engenheiro e um funcionário, acusados de homicídio culposo. O mais curioso do caso é que o Eng. Fox, uma vez preso, mandou suspender todo o tráfego da ferrovia, alegando que "se com ele solto o desastre não pudera ser evitado, com ele preso muito menos o seria". Em vista dos prejuízos dessa paralisação, e por interferência do presidente da Província, a prisão foi relaxada. Mesmo assim, houve o julgamento dos três acusados, que foram afinal absolvidos.

Toda essa situação contrastava drasticamente com o que sucedia com os que concluíam as Faculdades de Direito, que se encaminhavam para a política, a administração pública e os negócios, e também com os médicos, que mais facilmente achavam ocupação nas cidades, e uns e outros tinham muito maior influência e *status* na sociedade. Como assinala Fernando de Azevedo, "a carreira" de bacharel ocupava o primeiro lugar na escala profissional e social, e nenhuma outra desempenhou papel mais importante na vida intelectual e política do país. Não era por isso de admirar a menor atração que a engenharia exercia na mocidade, o que fica evidenciado pela disparidade do número de matrículas nas escolas superiores em 1864.

- Faculdades de Direito (São Paulo e Recife) . . . . . . . . . . . . 826 alunos
- Faculdades de Medicina (Rio de Janeiro e Salvador) . . . . . 294 alunos
- Escola Central (Engenharia) . . . . . . . . . . . . . . . . . . . . . . . 154 alunos
- Escola Militar . . . . . . . . . . . . . . . . . . . . . . . . . . . . . . . . . . . 109 alunos
- Escola Naval . . . . . . . . . . . . . . . . . . . . . . . . . . . . . . . . . . . . 94 alunos

Ainda em 1865, por ocasião de sua visita ao Brasil, o cientista suíço-americano Louis Agassiz surpreendeu-se ao "encontrar quase invariavelmente jovens advogados à frente de todas as administrações provinciais".

Como observa Cruz Costa, no seu livro *Contribuição à História das Ideias no Brasil*, os engenheiros, os militares e também os médicos eram principalmente filhos da pequena burguesia urbana emergente, que procuravam "constituir uma nova elite, de espírito talvez um pouco diferente daquela que era representada pelos bacharéis em leis de Coimbra, de São Paulo e do Recife, onde recebia formação superior grande parte dos filhos do patriarcado rural". Jeovah Motta também chama a atenção para a origem modesta da maioria dos alunos da Escola Militar e da Escola Central, as denominações da Escola de Engenharia na época. Dessa mesma pequena burguesia é que também se originou o movimento positivista no Brasil, cuja influência na Escola Politécnica chegou a ser sensível: tanto Teixeira Mendes como Miguel Lemos, dois dos maiores vultos do positivismo brasileiro, eram engenheiros. Naquela época, as carreiras militares — no Exército e na Marinha —, assim como a carreira do engenheiro, eram escolhidas por muitos não por vocação, mas pelo fato de serem as mais baratas que podiam proporcionar um título de ensino superior. É o que conta textualmente Christiano Ottoni na sua *Autobiografia*, quando diz, a respeito de si mesmo e de seus irmãos, que "não era a vocação que nos levava à carreira da Marinha; seguimo-la por ser a mais barata". Comentando esse fato, diz Jeovah Motta que muitos outros, se tivessem escrito memórias, teriam dito o mesmo.

# Capítulo 6

A construção das estradas de ferro, que começou em 1852, foi o primeiro grande desafio que a engenharia teve de enfrentar aqui no Brasil. Até então, pode-se dizer que a atuação dos engenheiros no Brasil tinha, principalmente, motivações de ordem política: eram engenheiros militares construindo fortificações e edifícios públicos, realizando levantamentos estratégicos ou demarcação de fronteiras, etc. Com a construção das estradas de ferro a situação modificou-se completamente, já que os motivos eram, agora, basicamente econômicos, e enorme foi o impacto dessas construções na economia do país e na sociedade em geral.

A partir de 1820, justamente, começou a operar-se no Brasil uma profunda transformação econômica, com o advento do ciclo do café, e foi exatamente o café o principal responsável pela necessidade das estradas de ferro. O ouro de Minas Gerais — que foi o principal produto do ciclo econômico anterior — podia ser eficientemente transportado em tropas de mulas, mesmo a grandes distâncias, devido ao seu alto valor intrínseco e à pequena tonelagem movimentada. A cana-de-açúcar do Nordeste também podia contentar-se com os transportes existentes, devido às pequenas distâncias até os portos de exportação. O café, entretanto, quando atingiu o Vale do Paraíba do Sul, por volta de 1830, passou a exigir, cada vez mais, melhores transportes terrestres, porque as distâncias e as quantidades transportadas eram também cada vez maiores.

Na região Centro-Sul do Brasil, já a mais desenvolvida na época e responsável por toda a crescente produção cafeeira, havia ainda uma dificuldade a mais nos transportes, que era a formidável barreira contínua de montanhas da Serra do Mar. Essa dificuldade, que desde os primeiros tempos coloniais vinha entravando as comunicações para o interior do país, tornou-se principalmente séria quando a lavoura do café espraiou-se pelos campos e vales serra acima. Por esse motivo, as primeiras estradas de ferro formaram verdadeiros leques em torno de alguns portos, isto é, a barreira de montanhas era vencida em algum ponto, a montante desses portos, e as estradas depois bifurcavam-se e ramificavam-se no planalto acima da serra. Como era de se esperar, devido ao primitivismo e à precariedade dos antigos meios de transporte terrestre, foi enorme o impacto econômico resultante da construção das nossas primeiras estradas de ferro. Principalmente na região Centro-Sul, onde desenvolvia-se a lavoura do café, as ferrovias foram um fator fundamental de progresso, permitindo um rápido aumento da produção e dos transportes. Falando de São Paulo, onde talvez o impacto tenha sido mais sensível e mais duradouro, Adolfo Pinto diz que "é lícito afirmar que a história do progresso social e econômico de São Paulo bem se pode assinalar graficamente pelo diagrama evolutivo de sua rede de viação férrea".

Note-se que as estradas de ferro construídas nesse primeiro período (até 1870, aproximadamente) atendiam a necessidades econômicas reais, plenamente reconhecidas pelo governo e pelas pessoas influentes (políticos, fazendeiros, comerciantes, banqueiros, etc.), e atravessavam regiões já bastante povoadas e com razoáveis recursos. Dessas estradas algumas foram muito bem estudadas, e por isso foram bem-sucedidas, como é o caso da E.F. D. Pedro II e da Companhia Paulista. A São Paulo Railway também foi bem-sucedida por ser um gargalo obrigatório de transporte, apesar do erro técnico grave na subida da serra com o sistema funicular.

O impacto social das estradas de ferro não foi menos importante do que o econômico, e se fez sentir em vários aspectos: a facilidade de transportes, que criou o hábito de viajar e terminou com o isolamento social e cultural de muitos pequenos núcleos de população, o abandono a que foram relegados os antigos caminhos e as povoações que ficaram ao longo das novas estradas, a valorização do trabalho livre, das chamadas *artes mecânicas* e da própria profissão do engenheiro, e finalmente o choque de civilizações, entre o pessoal pacato e atrasado do interior e os engenheiros e técnicos, muitos dos quais estrangeiros, que invadiram esse interior para construir as estradas.

É por isso que o sociólogo Gilberto Freyre escreveu: "quem diz trem ou transporte diz todo um rico complexo sociocultural. Não apenas uma Engenharia Física, mas essa Engenharia desdobrada em Engenharia Humana e Engenharia Social".

As estradas de ferro criaram o hábito de viajar, que a população não tinha, porque, com a precariedade dos antigos caminhos, só se viajava em última necessidade. As viagens eram agora rápidas, baratas e relativamente confortáveis, e por isso "viajava-se em férias ou viajava-se simplesmente à Capital para assistir à ópera ou para comprar a última moda". Foi um fenômeno social semelhante ao que ocorreu nas grandes cidades quando foram inauguradas as primeiras linhas de bonde. As estradas de ferro terminaram também com o isolamento em que vivia o interior, e, como observa o mesmo Gilberto Freyre, a "via férrea tornou possível a modernização de condições de vida em numerosas áreas do país; e servindo a princípio os interesses da monocultura escravocrata preparou, depois, o caminho para a policultura democrática, e para a generalização, às zonas rurais, de confortos ou conveniências limitados até então às grandes cidades".

As estradas de ferro eram também uma completa novidade como empresas, em um país ainda na era pré-capitalista e com a economia baseada na mão de obra escrava. A novidade não era só na tecnologia, mas também nos grandes capitais envolvidos e na organização empresarial-administrativa moderna e diversificada exigida para a sua construção e operação. Essa novidade, em contraste com as empresas existentes de organização patriarcalcolonial, foi principalmente notável no caso da E.F. D. Pedro II, que, além de ser a maior sociedade anônima do seu tempo, foi também a primeira empresa ferroviária de vulto cuja direção era inteiramente nacional.

Para se avaliar o impacto popular causado pelo início das estradas de ferro, basta dizer que no Carnaval de 1858 (ano de inauguração da E.F. D. Pedro II) o carro alegórico mais aplaudido no préstito carnavalesco foi o da sociedade Sumidades, que apresentava a figura de uma locomotiva. Note-se que aqui no Brasil esse impacto foi bem maior do que na Europa ou nos Estados Unidos, onde, antes das ferrovias, existiam muitas empresas de tração animal e de diligências, tendo sido portanto menos sensível a transição de hábitos.

O advento das estradas de ferro foi um grande fator de valorização do trabalho livre, das profissões mecânicas e da própria profissão do engenheiro, no meio da sociedade escravocrata e livresca, e, no interior do Brasil, ainda semifeudal. Todos os contratos para a construção de estradas de ferro insistiam na proibição do emprego da mão de obra escrava. Essa proibição, é claro, só valia para as empresas ferroviárias e as empreiteiras principais; as subempreiteiras e as diversas firmas fornecedoras de serviços sempre empregaram escravos. Pela primeira vez também na nossa história abria-se um largo mercado de trabalho para trabalhadores livres de várias profissões.

A profissão do engenheiro também começou timidamente a ganhar *status*, já que estava sendo responsável e indispensável para a satisfação de uma necessidade social urgente e reconhecida por todos, que era o novo meio de transporte.

De início os engenheiros ferroviários eram todos estrangeiros — principalmente ingleses —, o que não poderia deixar de acontecer, uma vez que o ensino de estradas de ferro na nossa única escola de engenharia (então denominada Escola Central, e depois Escola Politécnica) só começou em 1858, quando já tínhamos quatro ferrovias em operação: a primeira ferrovia, do Visconde de Mauá, foi inaugurada em 1852. No início das nossas ferrovias não havia assim nenhum engenheiro brasileiro conhecedor do assunto. Entretanto, rapidamente essa situação foi mudando, e, a partir de 1870, a participação de engenheiros nacionais foi sendo cada vez maior, até ficar praticamente total, antes do fim do século. A rápida assimilação de novas técnicas pelos engenheiros brasileiros, antes mesmo que tais assuntos fossem formalmente ensinados nas Escolas, repetir-se-ia, mais tarde, quando da introdução do concreto armado, e, mais recentemente, com as diversas especializações modernas da engenharia. Sobre esse ponto é interessante o Aviso n.º 44, de 6 de setembro de 1871, do Ministro da Agricultura à Legação Brasileira em Londres, dizendo que "não há necessidade de contratar serviços de engenheiros estrangeiros, porque existem nacionais perfeitamente habilitados nos diversos ramos da engenharia civil". Em 1876, o ministro Thomaz Coelho dirige-se aos presidentes das Províncias, como eram chamados então os governadores, a propósito de uma projetada publicação oficial, dizendo que "é de incontestável utilidade que no estrangeiro se tenha conhecimento das grandes obras já construídas e em execução no Império, tanto mais que é notório termos, em mais de um ramo da ciência do engenheiro, sobrepujado dificuldades práticas ou melhorado mais de um processo ou sistema...". Eram os engenheiros que iam, aos poucos, conquistando o reconhecimento do público e do governo.

Como consequência de tudo isso, as estradas de ferro passaram a ser o grande empregador de engenheiros, podendo-se dizer que no período 1860-1920 fazer engenharia no Brasil era quase sinônimo de projetar, construir ou operar estradas de ferro. Por volta de 1880, as estradas de ferro absorviam cerca de 75 % de todos os engenheiros, e somente a E.F. D. Pedro II (depois E.F. Central do Brasil) contava, ao final do Império, com mais de 120 engenheiros em seus quadros.

A evidência da importância econômica e social das estradas de ferro deu também maior relevância e prestígio à profissão do engenheiro, até então desprezada e desconsiderada. A prova disso foi o fato de uma reunião de engenheiros, o Primeiro Congresso de Estradas de Ferro, ter contado com a presença assídua do próprio Imperador.

Mas a vida profissional do engenheiro continuava sendo, em geral, dura, difícil e cheia de sacrifícios e privações, principalmente para os que se engajavam nos trabalhos ferroviários, e que eram a maioria, já que essas estradas eram o maior empregador de engenheiros naquela época.

Na bagagem de qualquer turma de exploração ou de construção ferroviária não faltavam as armas de fogo e as munições, para enfrentar as feras e os índios selvagens (ou os jagunços), bem como grande quantidade de quinino para tentar enfrentar a malária.

O pior eram as doenças: malária, tifo, beribéri, disenterias, etc.; a mais grave de todas era a malária, pelo fato de ser a mais frequente. Não havia como combatê-las eficientemente, porque a etiologia de todas ainda era desconhecida: ninguém sabia que eram os mosquitos que transmitiam a malária, que o beribéri era uma avitaminose, ou que as disenterias eram causadas pelas águas poluídas. A única arma contra a malária eram as fartas doses de quinino, que combatiam apenas o efeito, porque os mosquitos continuavam, à vontade, a sua faina de transmitir a doença de uns para outros.

Os estrangeiros eram as vítimas preferidas, e muitos engenheiros tombaram nessa batalha dos trilhos: os americanos John Whitaker e William Milnor Roberts, o sueco Christian Palm e muitos outros. Mas a malária atacava também os brasileiros, até o mestiço Antônio Rebouças foi por ela sacrificado.

Além dessas doenças ainda havia a cólera, a leishmaniose, o mal de Chagas, as úlceras, etc., todas também de etiologia ignorada e combate impossível. Quando não matavam, as doenças causavam, às vezes, graves sequelas para o resto da vida.

O problema sanitário das construções ferroviárias passou a ser ainda muito mais grave quando, nas primeiras décadas do século XX, começou a construção das grandes linhas de penetração pelo sertão bruto. Tais foram, por exemplo, entre outros, os prolongamentos da Paulista, da Sorocabana pelo oeste de São Paulo, a Noroeste, que varou não só o oeste de São Paulo como também o sul de Mato Grosso até a barranca do rio Paraguai, a São Paulo-Rio Grande, que atravessou o então selvagem oeste do Paraná e de Santa Catarina, e principalmente a famosa Madeira-Mamoré, nos confins de Rondônia, na fronteira com a Bolívia. A Madeira-Mamoré foi uma das obras de engenharia, em todo o mundo, realizada nas condições mais difíceis do ponto de vista sanitário, bastando dizer que somente na construção da estrada propriamente dita perderam a vida mais de 6.200 pessoas, fora os que morreram em três tentativas frustradas anteriores da mesma construção, abandonadas por impossibilidade de vencer a selva e as doenças.

Atravessando regiões quase desconhecidas e habitadas somente por índios selvagens, as linhas de penetração realizaram uma função desbravadora e plantadora de novas povoações, muitas das quais logo se tornaram cidades importantes, função essa, décadas depois, realizada por outras obras de engenharia, que foram as grandes rodovias transregionais.

Como conta o Eng. Barros Pereira, "à medida que a estrada avançava iam-se formando fazendas... Frequentemente aconteceu que os trens de lastro subiam levando os trilhos, e no seu regresso já encontravam cargas, à beira da estrada, aguardando transporte...". As fazendas recém-formadas em menos de um ano atulhavam os locais reservados nos pátios das estações... Surgiam logo os meios de transportes.

Foi muito importante a ação das ferrovias como plantadoras de cidades e como fatores de desbravamento, povoamento, e até do próprio conhecimento geográfico do sertão. Como disse o Eng. Plínio de Queiroz, "enquanto na Europa as estradas de ferro vieram resolver um problema existente de zonas já formadas e em franca produção, aqui vieram se transformar em bandeirantes, abrindo sertões, formando zonas, para só mais tarde obter renda".

O Eng. Ademar Benévolo observa também com muita propriedade que, enquanto nas zonas velhas as povoações surgiam em torno das "casas-grandes" das fazendas e dos engenhos, ou em redor de capelas, ou, ainda, à sombra de fortificações coloniais, nas regiões abertas ao progresso pela locomotiva as primeiras casas apareceram junto às estações de trem. E continua: "Os engenheiros ferroviários passaram a ser urbanistas, e projetaram muitas cidades novas, todas elas com o traçado das ruas em esquadro."

Os acampamentos das turmas de exploração e de construção eram a primeira penetração do homem branco no sertão desconhecido. É ainda Pierre Denis que os descreve pitorescamente: "As cenas que eu assisti evocam Gustave Aymard e o Oeste americano, na corrida do ouro da Califórnia. A ponta dos trilhos é o reino dos indivíduos aventureiros. O isolamento é completo, e o pequeno mundo que aí vive deve ser autossuficiente, moralmente ao menos, porque o reabastecimento é feito pela linha. As mulheres são raras, e não exercem a sua influência em favor da paz ou para abrandar os costumes. Existem ainda índios na floresta, que, persuadidos de que seus direitos estão sendo violados pelos que invadem seus domínios, realizam de quando em quando ataques noturnos que massacram os trabalhadores dormindo, o que serve de pretexto para que todos andem armados. Os homens dormem em tendas ou ao relento, reinando ao mesmo tempo a agitação e a sonolência, em uma desordem que a ninguém incomodava: um grupo jogava baralho, e alguns metros adiante outro grupo divertia-se dando tiros em garrafas, sem errar nenhum."

O engenheiro Janot Pacheco conta também o que foi essa aventura pelo sertão, da qual participou pessoalmente: "Por toda parte a que, nesses sertões brutos, chegava a ponta dos trilhos, estava presente o perigo, sob as mais diversas formas: os assaltos da mosquitaria infernal, a ameaça das onças e outros animais ferozes rondando o acampamento, a fúria de manadas de porcos-do-mato que rompiam por entre as barracas..., as sucuris emboscadas na orla das matas..., os ataques frequentes dos índios, tudo isso, de fato, obrigava a uma vigilância constante dos acampamentos dos engenheiros e nos avanços dos trabalhadores pelas picadas abertas nas florestas... Os engenheiros e operários não permaneciam por muito tempo nos seus lugares de pernoite. Onde um mês antes formigava o trabalho humano..., já dominavam, no outro, o silêncio e a solidão. Os engenheiros e suas turmas já haviam levantado acampamento."

Outro veterano desses trabalhos, em nosso interior, o Eng. Luiz Alberto Whately, lembra a história de um engenheiro que anotou em sua caderneta de alinhamentos, depois de uma visada ao instrumento: "dezenove mosquitos por centímetro quadrado". Em muitos lugares, além dos mosquitos havia ainda a praga dos carrapatos. Um antigo engenheiro, que tomou parte nessa aventura ferroviária, conta de um lugar onde os carrapatos eram tantos, milhões talvez, que chegavam a fazer barulho e confundiam-se com a floração do capim-gordura. Conta também que para afugentar os carrapatos empregava-se pomada mercurial, que é altamente tóxica, e por isso era para ser usada embebida em um papel no bolso da calça; um engenheiro novato passou-a nas próprias pernas e quase morreu intoxicado.

Além do desconforto e das doenças, outro problema era o total isolamento, imposto pela falta de comunicações; passava-se um longo tempo em total degredo social, cada turma de homens entregue à própria sorte, tendo de bastar a si mesma. Já na década de 1930, o Eng. Pedro de Moura conta como era a vida das turmas de exploração geológica na Amazônia: "Naqueles idos tempos de pioneirismo, o geólogo aturava uma vida monótona, dia após dia, na barraca de palha, chão batido, iluminada por lampião de querosene, sem ler ou ouvir notícias do resto do mundo. Banhos de rio, às vezes com jacarés à vista. Só se quebrava a monotonia quando de 40 em 40, ou de 60 em 60 dias, aportava por lá o navio da 'linha' ou da Amazon River, com jornais velhos de mais de um mês. Era a ocasião de festa, conseguindo-se até apanhar uma pedra de gelo."

Na era das ferrovias quase todos os engenheiros eram funcionários públicos, porque quase todas as estradas pertenciam ao governo federal ou aos governos estaduais, como simples repartições públicas, porque naquele tempo ainda não tinham sido inventadas as autarquias, sociedades de economia mista, etc., e, assim, grande parte dos nossos colegas sempre esteve sujeita às conhecidas mazelas da administração pública. Já em 1927, queixava-se o então diretor da E.F. Central do Brasil, Eng. Romero Zander, em ofício ao Ministro da Viação, a propósito dos constantes *déficits* daquela ferrovia: "trabalha-se sob as ordens de um patrão, o Estado, com seus três poderes constitucionais independentes: o Legislativo tem criado direitos para o pessoal, feito promoções coletivas, distribuindo detalhadamente verbas e legislado minuciosamente sobre o modo administrativo pelo qual se efetuam as compras. Fixa normas administrativas com tais detalhes que tolhem por completo o administrador de agir como se torna necessário em uma grande empresa industrial. O Judiciário garante a execução das disposições legislativas... Poderíamos gastar menos? Com outro regime administrativo certamente sim." Nesse mesmo ano, o Eng. Henrique de Almeida Gomes queixa-se também de que a "administração pública no Brasil sofre as consequências da desordem política reinante... Um técnico que ocupa a direção de um departamento ou indústria explorado pelo Estado tem frequentemente que transigir com os mais comezinhos princípios de administração, isso porque a intromissão da política em atos que precisam de sequência e orientação quase sempre obedece a intuitos partidários e não raro a interesses pessoais." Atenção leitor! Essas queixas não foram feitas hoje; são velhas de mais de 80 anos! Mas, como dizem os franceses, *plus ça change, plus c'est la même chose!*

Parecem atuais também os comentários feitos em 1926 pelo ilustre Eng. Francisco Saturnino de Brito, o "velho Brito", como era chamado, a propósito das dificuldades enfrentadas pelos engenheiros no serviço público: "Aliviem-se de culpa os engenheiros encarregados de organizar, em tempo escasso, os projetos sem os fundamentos da experiência e sem os estudos completos indispensáveis, para serem, ou arquivados e esquecidos, ou executados de afogadilho, de modo a serem inaugurados pelos políticos, por vaidade ou porque tenham o justo receio da falta de continuidade na execução, devido a defeito de educação política e economia dos governos." Por isso é que Saturnino de Brito insistia que "devemos (os engenheiros) influir na administração pública, para que seja modificado o processo de estudo e execução de certas obras, para que não sejamos injustamente culpados pelo custo excessivo ou pelos insucessos provenientes de estudos insuficientes".

Além de todas essas mazelas, os que trabalhavam para os governos estavam ainda sujeitos às periódicas paralisações de obras, com as consequentes demissões e desemprego (como já aqui referido), e também a eventuais perseguições por motivos políticos, em algumas ocasiões de mudança de governo. Como foram, por exemplo, as famigeradas "Comissões de Sindicância" criadas pelo governo vencedor da Revolução de 1930, e que demitiram, perseguiram e humilharam indiscriminadamente todos quantos haviam cometido o "crime" de ter apoiado o governo vencido e deposto pela Revolução. Muitas foram as vítimas: o honrado Eng. Com.te Thiers Fleming, sumariamente demitido da chefia da obra de construção do novo Arsenal de Marinha, submetido a longo e humilhante processo e nunca reabilitado, numerosos engenheiros da Central do Brasil, demitidos "em virtude de atos atentatórios à finalidade revolucionária", como dizia cinicamente a notícia de sua demissão, e muitos outros.

Novas perseguições políticas ocorreram em 1937, quando veio o Estado Novo, e mais recentemente em 1964, com escandalosas demissões e aposentadorias compulsórias. Em 1937 também, a pretexto de coibir abusos, houve a famosa "lei das desacumulações", que teve como resultado o esvaziamento de Escolas de Engenharia e de repartições públicas, de grande número de excelentes profissionais e professores.

Capítulo 7

© Sanjay Sidhu | Dreamstime Stock Photos

Em todo o mundo, quando começou o ensino da engenharia, havia um único curso, que formava engenheiros militares com conhecimentos também de engenharia civil. No Brasil, o ensino regular da engenharia começou em 1792, com a criação, no Rio de Janeiro, da Real Academia de Artilharia, Fortificação e Desenho. Em nosso país, esse único curso perdurou até 1858, quando a nossa primeira escola de engenharia foi desdobrada em dois institutos de ensino, a Escola Central, para engenheiros civis, e a Escola Militar e de Aplicação do Exército, para os engenheiros militares.

A Escola Central continuou a oferecer um único curso, que era basicamente um curso de engenheiros civis. Dessa forma, as diversas especializações em engenharia só tiveram início em 1874, quando a Escola Central foi transformada na depois famosa Escola Politécnica, cujo estatuto previa um "curso geral", em dois anos, seguido de um de três cursos especializados: engenheiros civis, de minas e de "artes e manufaturas" (engenheiros industriais), todos com duração de três anos, perfazendo cinco anos do curso total.

Um passo mais importante em direção à especialização foi a criação, em 1876, da Escola de Minas de Ouro Preto — a nossa segunda escola de engenharia —, que seria, no seu projeto original, especializada em engenharia de minas e metalurgia.

A exiguidade do mercado de trabalho da época, largamente dominado pela construção ferroviária — que empregava cerca de 75 % do total de engenheiros —, não permitiu que fosse possível manter o projeto original da Escola de Ouro Preto, apesar dos esforços do seu ilustre diretor, o cientista francês Henri Gorceix, e do apoio declarado do Imperador. Simplesmente quase não havia emprego para os engenheiros de minas que se formassem, e por isso políticos importantes passaram a julgar a escola uma despesa inútil, já que não atendia a uma necessidade visível do país, e pleiteavam o seu fechamento por medida de economia. Para salvar a sua escola, Gorceix consentiu em desvirtuar o plano de uma escola especializada, e aceitou acrescentar disciplinas de engenharia civil, dando aos que concluíssem o curso o título de engenheiro civil e de minas.

A engenharia civil era a grande empregadora na ocasião, com ênfase para a construção ferroviária, situação essa que perdurou até a década de 1920, quando o desenvolvimento e a disseminação do concreto armado começaram a desviar uma parcela cada vez maior dos engenheiros para essa nova técnica de construção, mesmo assim, ainda dentro do âmbito da chamada engenharia civil.

Sobre esse assunto, é interessante o seguinte trecho do discurso de paraninfo do eminente engenheiro Prof. Maurício Joppert da Silva aos formandos de 1954 da Escola de Ouro Preto, refletindo a situação em 1916, ano em que ele se formou:

> Quando me diplomei, nos primeiros meses de 1916, terminávamos a fase inicial de construções ferroviárias no Brasil, e só as estradas de ferro forneciam aos jovens engenheiros modestas oportunidades de colocação. Não se falava em estradas de rodagem, as obras portuárias eram muito poucas, como poucas eram as usinas elétricas, as fábricas, as indústrias, em que os engenheiros pudessem ser aproveitados. E as Escolas de Engenharia federais e estaduais diplomavam turmas tão pequenas que não conseguiam abastecer as construções, as indústrias, as repartições técnicas. Por isso, qualquer aventureiro desocupado intitulava-se 'engenheiro prático', para ganhar a vida, e como tal era admitido nos canteiros de serviços, nas fábricas e nas repartições do governo.

A partir do final do século XIX, novas modalidades de cursos de engenharia foram aparecendo, engenheiros mecânicos, na Escola Politécnica do Rio de Janeiro, em 1896, e logo em seguida também na Politécnica de São Paulo, curso esse que mais tarde passou a ser de engenheiros mecânicos-eletricistas, curso de engenheiros agrônomos [*] e curso de engenheiros químicos, depois denominados químico-industriais. Um fato importante foi a criação, em 1913, do então chamado Instituto Eletrotécnico e Metalúrgico de Itajubá – MG, exclusivamente para a formação de engenheiros mecânicos e eletricistas.

Até o início do século XX, quase todos os grandes vultos de nossa engenharia foram o que se convencionou chamar "engenheiros enciclopédicos". A sólida cultura básica que era ministrada na Escola Politécnica — bem como na Escola Central e na Academia Militar, que a antecederam — permitia que os engenheiros abordassem e resolvessem com eficiência problemas de vários campos de engenharia: ferrovias, portos, obras públicas, indústrias, etc. Assim eram todos os grandes vultos daquele tempo, cujas carreiras foram em muitos casos um contínuo passar de um campo para outro: Paulo de Frontin, Pereira Passos, André Rebouças, Honório e Francisco Bicalho, Marcelino Ramos, Aarão Reis, etc.

A fase das especializações só veio mais tarde, como consequência não só da vinda de profissionais de países de técnica mais avançada, mas também, e principalmente, da iniciativa de alguns engenheiros proeminentes que se especializaram, de forma autodidática e que depois fizeram escola.

---

[1] A primeira instituição no Brasil para a formação de agrônomos foi o Imperial Instituto de Agronomia — depois denominado Escola Agrícola da Bahia, fundado em 1859, em São Bento das Lages, município de São Francisco do Conde — BA. Essa escola, que existiu até o final do século XIX, quando foi fechada "por motivo de economia" (!), formava engenheiros agrônomos e "regentes rurais" (técnicos de nível médio). Em 1887, foi fundada a Estação Agronômica Imperial, em Campinas, SP, sucedida pelo Instituto Agronômico de Campinas, até hoje existente.

Apesar das novas modalidades de engenharia que iam surgindo, a predominância ainda era total da tradicional engenharia civil, e os engenheiros civis eram, afinal de contas, o "pau para toda obra".

Com exceção do Instituto Eletrotécnico de Itajubá, todas as demais escolas de engenharia tinham curso de engenharia civil, e em muitas delas era o único curso existente. Na Escola Politécnica de São Paulo, por exemplo, ainda em 1937, de um total dc 57 alunos diplomados 45 eram engenheiros civis, e em 1942 esses números foram, respectivamente, 61 e 43.

Assim, foi dentro do campo da engenharia civil que primeiro surgiram, a partir do início do século XX, algumas correntes de especializações, principalmente como iniciativa pessoal de alguns engenheiros proeminentes, que se especializaram em geral de forma autodidática e que depois formaram escola. Tais foram, por exemplo, Francisco Saturnino de Brito, na engenharia sanitária, Alfredo Lisboa, na engenharia portuária, e sobretudo Emílio Baumgart e seus seguidores, no concreto armado. Essa tendência à especialização, que aconteceu também em outras profissões e em todo o mundo, e foi se estendendo gradualmente a todos os outros ramos da engenharia, era uma imposição do alargamento e da diversificação, cada vez maiores, do campo geral da engenharia. Hoje em dia, estamos chegando — ou talvez já tenhamos chegado — ao extremo oposto, isto é, uma especialização excessiva na qual cada um só domina o seu campo restrito de conhecimento. Com isso, não há quase mais ninguém com visão de conjunto, que é justamente a condição que costuma levar aos grandes saltos de progresso, porque permite localizar e identificar os pontos de estrangulamento e os elos fracos das cadeias de conhecimentos humanos.[2]

---

[2]A tendência à especialização é, aliás, um fenômeno universal, e não só da engenharia; na área médica, por exemplo, está sendo cada vez mais levada aos últimos extremos. Há, contudo, com relação aos médicos, uma diferença fundamental: em todas as Faculdades de Medicina há um único curso, e todos os médicos recebem o mesmo diploma — concedendo-lhes as mesmas atribuições —,

Com a especialização excessiva e a pletora de oferta dos mais variados cursos de especialização e de pós-graduação, muitos engenheiros de hoje perderam também o hábito e a capacidade de resolver por si novos problemas: só sabem resolver aquilo que lhes ensinaram. Voltaremos a esse importante assunto mais adiante.

A partir do final do século XIX, passou a haver, por diversos motivos, um maior interesse pela pesquisa científica, o que significava uma revalorização das funções técnicas. Esse interesse foi percebido pelo ilustre geólogo americano Orville Derby, aqui radicado, quando escreveu em 1883 que

> os últimos quinze anos testemunharam no Brasil um notável despertar da importância da pesquisa científica. Essa mudança, ainda que tímida, foi também notada em 1859 pelo então diretor da Escola Central (escola de engenharia), general Pedro de Alcântara Bellegarde, quando disse em seu relatório que 'este estabelecimento vai em crescente importância', e depois que 'se tem vulgarizado a ideia de que a profissão do engenheiro civil é vantajosa, cresce o número dos alunos paisanos'.

No *Almanack Laemmert* de 1870, constam, no Rio de Janeiro, os nomes de 28 engenheiros, subindo esse número para 126 em 1883, dos quais 30 no Ministério da Agricultura e 6 na municipalidade.

No último quartel do século XIX, quando a abolição da escravatura passou a ser uma real ameaça para a economia agrícola tradicional, os engenheiros foram também solicitados a inventar

---

enquanto na engenharia há um grande número de cursos, cada um correspondendo a um diploma diferente, com diferentes atribuições, algumas mal definidas e até conflitantes entre si. Essa situação é decorrente de uma tradição histórica, isto é, sempre foi assim, desde que se desdobraram os cursos de engenharia, com a fundação da antiga Escola Politécnica e da Escola de Minas de Ouro Preto. Não há dúvida, entretanto, que nesse assunto os médicos estão muito mais certos do que nós engenheiros.

máquinas que substituíssem o braço escravo. São numerosos os inventos dessa época, principalmente máquinas agrícolas e máquinas auxiliares da construção.

Em 1880, funda-se no Rio de Janeiro o Clube de Engenharia, entidade que, além de congregar os profissionais da engenharia, defendia os interesses da classe e, principalmente, promovia congressos, estudos e debates dos grandes problemas nacionais. Infelizmente, como aliás sucede até hoje, a influência de suas resoluções e conclusões nas decisões do governo tem sido menor do que seria de se desejar.

Antes do final do Império, o mercado de trabalho para os engenheiros começou a se alargar mais um pouco: além das estradas de ferro, do governo central e das pouquíssimas indústrias, quase todos os governos provinciais dispunham também de engenheiros. É interessante o relatório encaminhado ao ministro do Império, em 1887, pelo presidente da distante e esquecida província de Mato Grosso, em que esse último se queixa da exiguidade das verbas para as obras públicas, pois dispunha somente de 10 contos por ano para todas as despesas! Dizia também que as viagens "do engenheiro" (parece que só havia um) para qualquer obra ou inspeção custava frequentemente mais caro do que a própria obra, dadas as grandes distâncias e a inexistência completa de meios de transportes. Coitado desse engenheiro, o que poderia ele fazer nessas condições! É curioso também que em 1883, na província do Amazonas, o diretor de Obras Públicas era um bacharel, tudo levando a crer que não havia por lá nenhum engenheiro.

Como chama a atenção Francisco Ferreira Neto, a ação executiva governamental, em relação às obras de engenharia, resumia-se quase que somente a "minutar e lavrar contratos e fiscalizar o seu cumprimento, junto com o pagamento dos benefícios ali previstos: eram tarefas essencialmente burocráticas, envolvendo a redação de instrumentos jurídicos, o exame de documentos e a elaboração de pareceres e informações em processos". As atividades propriamente técnicas dentro da ação governamental eram mínimas, necessitando por isso de muito poucos engenheiros.

Em 1882, o Primeiro Congresso das Estradas de Ferro do Brasil, primeira reunião de engenheiros em nível nacional para debater assuntos de engenharia, contou com a presença constante do Imperador em todas as sessões, denotando a maior importância que começava a ter a própria engenharia.

Com o passar do tempo, e principalmente a partir da virada do século, o progresso dos meios de transporte e dos serviços públicos — exigidos pelo aumento de população e pela urbanização crescente — bem como o desenvolvimento das indústrias lançaram novos desafios aos engenheiros. O mercado de trabalho foi com isso aumentando e também, progressivamente, se diversificando.

No advento da República houve uma expansão das oportunidades de emprego como consequência do sensível aumento numérico do funcionalismo público, tanto no governo federal como nos estados, e também devido ao surto de industrialização. Adolfo Pinto comenta, por exemplo, que a antiga Inspetoria Geral das Obras Públicas, da província de São Paulo, tinha seis engenheiros e 15 empregados no total, e a Superintendência das Obras Públicas, que a sucedeu no governo estadual, tinha 24 engenheiros e 39 empregados. Fatos semelhantes aconteceram pelo Brasil afora, em todos os níveis de governo.

# Capítulo 8

As novas técnicas, que representavam novas modalidades de engenharia, resultaram em completa revolução no modo de viver da sociedade em geral, e consequentemente também em valorização da engenharia e melhoria, ainda que vagarosa, no *status* do engenheiro na sociedade.

Vamos enfatizar aqui duas dessas novas técnicas: a eletricidade, com suas inumeráveis aplicações, e o concreto armado.

A eletricidade afetou principalmente três aspectos da vida humana: de início as comunicações, com o aparecimento do telégrafo elétrico e depois do telefone, os transportes urbanos, com a introdução dos bondes elétricos, e finalmente a iluminação pública e particular.

As primeiras aplicações práticas da eletricidade em nosso país datam ainda do século XIX. Em 1852, inaugurou-se o telégrafo elétrico; em 1857 houve no prédio da antiga Escola Central (Escola de Engenharia) no Rio de Janeiro a primeira experiência pública de iluminação elétrica; em 1873 inaugurou-se o cabo telegráfico submarino do Rio de Janeiro até Belém do Pará, e no ano seguinte até a Europa; em 1878 houve a primeira experiência com um aparelho telefônico. Em 1879, inaugurou-se a primeira instalação permanente de iluminação elétrica, na estação da Corte (Rio de Janeiro) da então denominada Estrada de Ferro D. Pedro II; em 1883 foi a vez da primeira instalação de iluminação elétrica em vias públicas, na cidade de Campos, e no mesmo ano temos ainda a primeira pequena instalação hidrelétrica para a geração de energia, próximo a Diamantina (MG), para fins industriais; em todas as aplicações até agora citadas a energia elétrica era produzida em geradores de corrente contínua acionados quase sempre por máquinas a vapor (com exceção da instalação de Diamantina), ou em pilhas, no caso dos telégrafos e do telefone. Em 1889, entrou em operação a primeira pequena usina hidrelétrica gerando energia para uso público — a usina Marmelos Zero, próximo a Juiz de Fora —, e em 1892 inauguraram-se os bondes elétricos no Rio de Janeiro, primeira cidade brasileira a dispor desse melhoramento.

O impacto social da eletricidade em suas múltiplas aplicações foi evidentemente enorme. Hoje em dia, é até difícil imaginar como seria possível viver sem a eletricidade, bastando uma falta mais prolongada de energia elétrica para evidenciar esse fato; entretanto, o uso generalizado da eletricidade existe somente há pouco mais de um século.

Com o telégrafo elétrico, por exemplo, as cartas que poderiam levar, na época, até alguns meses para chegar ao seu destino, foram substituídas pelo telegrama, de envio instantâneo qualquer que fosse a distância. É fácil avaliar o que representou, na vida da sociedade em geral, apenas essa primeira aplicação da eletricidade. Em seguida, a introdução do telefone, mesmo sendo ainda os precários primeiros telefones, foi outra revolução nas comunicações.

O surgimento dos bondes elétricos nas cidades foi outro imenso progresso, permitindo que as cidades se desconcentrassem e se espalhassem, porque, com o acesso rápido e seguro, tornou-se possível o desenvolvimento de novos bairros e subúrbios longe do centro, mais salubres e mais bem urbanizados. Tudo isso era obra da engenharia e dos engenheiros.

Assim, uma das consequências da eletricidade na engenharia foi valorizar a posição do engenheiro. A eletricidade era uma coisa nova, da qual ninguém entendia e que muitos temiam, e assim o engenheiro que a dominava tinha muito mais valor perante o público do que os antigos engenheiros que faziam as casas, estradas, pontes, etc., obras essas que bem ou mal também eram feitas pelos "mestres de obras" e outros indivíduos não diplomados.

A introdução e depois a extraordinária disseminação do concreto armado em nosso país foram outros fatos que muito contribuíram para melhorar a posição do engenheiro e da engenharia em nossa sociedade. A primeira obra em concreto armado no Brasil, com datação certa, é de 1901, mas o grande desenvolvimento dessa técnica deu-se a partir da década de 1920.

A relativa complexidade matemática de qualquer cálculo de concreto armado passou a exigir obrigatoriamente a participação de um engenheiro, e assim a introdução do concreto armado na construção predial em geral deslocou os velhos "mestres de obras", "engenheiros práticos" e outros profissionais não diplomados, que desde os tempos coloniais dominavam quase completamente esse importante ramo da construção. Com isso os engenheiros passaram, aos poucos, a ser mais conhecidos e a adquirir maior importância e maior *status* na sociedade.

O progressivo alargamento do mercado de trabalho devido ao concreto armado teve uma consequência importante, que foi desviar para esse campo a preferência da maioria dos engenheiros. Assim, as estradas de ferro, que desde o século XIX eram o maior empregador de engenheiros, foram aos poucos perdendo essa condição; começou na engenharia brasileira a "era do concreto armado", como muito acertadamente a denominou um ilustre engenheiro. Fazer engenharia no Brasil passou quase a ser sinônimo de trabalhar com concreto armado, da mesma forma que nos decênios anteriores equivalia praticamente a projetar, construir ou operar estradas de ferro.

Como observou com justeza o Prof. Antônio Alves de Noronha, até por volta de 1920 era mínima a participação de engenheiros brasileiros na construção predial, bem como na construção de pontes e viadutos. A construção predial, dominada pelos "mestres de obras", consistia quase que somente em prédios de até três pavimentos, não apresentando por isso nenhum interesse estrutural, e assim não atraindo nem necessitando de engenheiros. As pontes e viadutos eram em geral estruturas metálicas, fabricadas e montadas por estrangeiros, para os quais os nossos engenheiros limitavam-se a fornecer os dados topográficos e hidrográficos, as sondagens e o "trem-tipo". Foi exatamente a introdução do concreto armado que modificou completamente essa situação, passando o engenheiro brasileiro, em relação à construção civil, "de um simples observador de construção a um dos profissionais mais perfeitos do mundo", nas palavras também do Prof. Noronha.

Deu-se ainda, com o concreto armado, um fato semelhante ao que já acontecera, a partir de meados do século XIX, relativamente às estradas de ferro: a nova técnica foi rapidamente assimilada e dominada pelos engenheiros brasileiros, antes mesmo que fosse formalmente ensinada nas Escolas de Engenharia.

Com isso, formou-se a grande "escola brasileira do concreto armado", iniciada e liderada por alguns ilustres pioneiros estrangeiros e brasileiros autodidatas. Essa escola progrediu em pouco tempo, tornando-se uma das mais importantes do mundo, ouvida e respeitada nos países mais avançados, e também muito à frente do que se fazia em algumas nações mais adiantadas, como os Estados Unidos, por exemplo. Já em 1992, o Prof. Felippe dos Santos Reis afirmava que "não exageramos dizendo que em nosso país já tem sido usado o concreto armado em todas as suas aplicações, das mais simples às mais complexas".

Conseguimos, aqui no Brasil, 22 recordes internacionais nos mais variados tipos de estruturas de concreto armado (prédios de maior altura, pontes de maior vão, etc.), sendo quase todas essas estruturas com projeto e cálculo de engenheiros brasileiros, como comprovou, em minuciosa pesquisa, o Eng. Augusto Carlos de Vasconcelos. Esse fato, notável sob todos os aspectos, é entretanto do conhecimento de muito poucos, e desconhecido da imensa maioria da população.

Poucos anos depois do início da vulgarização do uso do concreto armado no Brasil, deu-se o aparecimento da chamada arquitetura moderna, a partir da realização da Semana de Arte Moderna, de 1922, em São Paulo, com a atuação do arquiteto russo-brasileiro Gregori Warchavchik — aqui chegado em 1925 —, reforçada com a visita do afamado arquiteto francês Le Corbusier, em 1929, e com o IV Congresso Pan-Americano de Arquitetos, em 1930, no Rio de Janeiro. O concreto armado e a arquitetura moderna agiram um como catalisador do outro: o concreto armado possibilitou a realização de construções com novas formas e audaciosas soluções arquitetônicas, imaginadas pelos arquitetos modernos, e que seriam muito difíceis ou mesmo impossíveis com as antigas técnicas de construção, e dessa forma a arquitetura moderna ampliou enormemente o campo do concreto armado. Basta olhar o que se fez mais tarde em Brasília para qualquer um se convencer de que todos aqueles palácios, monumentos e outras estruturas seriam praticamente inviáveis sem o auxílio do concreto armado.

A generalização do emprego do concreto armado teve consequências sociais importantes:

- Fundação de numerosas firmas especializadas no projeto e/ou a execução de obras de concreto armado, que alargaram o mercado de trabalho dos engenheiros e tornaram-se, muitas delas, escolas de formação e de aperfeiçoamento de muitos destacados técnicos. Como consequência mais importante, o concreto armado permitiu o extraordinário surto de construções que ocorreu em todo o país, principalmente a partir da década de 1940. Já em 1944, o engenheiro americano Arthur J. Boase dizia admirado que "de qualquer esquina no centro do Rio de Janeiro podia-se contar pelo menos onze prédios em construção, em um raio de duas quadras, prédios esses com 12 a 24 pavimentos". Em São Paulo, como todos sabemos, esse surto foi ainda muito maior.

A evolução que houve na engenharia, passando a maioria dos engenheiros da construção ferroviária para as obras de concreto armado, e depois também para a indústria, teve, entre outras, as seguintes consequências importantes:

- A engenharia passou a ser, cada vez mais, uma atividade urbana, em contraste com a engenharia ferroviária, em que grande número de profissionais estava espalhado pelo interior do país.
- Fundaram-se centenas — e depois milhares — de empresas de capital privado, para construção e projeto e também para as mais variadas atividades industriais e de prestação de serviços, que passaram a dar emprego à maioria dos engenheiros, em contraste com a situação antiga, na qual, com exceção de uns poucos engenheiros que trabalhavam por conta própria como profissionais liberais, com sua pequena firma ou escritório, a maior parte era constituída de funcionários públicos ou de empregados em algumas empresas estrangeiras. A grande expansão dos serviços públicos a partir do início do século XX foi também uma causa importante de ampliação do mercado de trabalho para os engenheiros e da fundação de muitas firmas construtoras.

Assim, os engenheiros deixaram de ser quase que somente funcionários públicos ou de empresas ferroviárias, passando alguns a dirigir as suas próprias empresas de engenharia.

Entretanto, até o início da década de 1920, não existiam aqui no Brasil grandes firmas empreiteiras de obras de engenharia como hoje conhecemos: não existiam porque para a maioria das grandes obras feitas pelos governos não havia a figura de um empreiteiro principal. Essas obras eram em geral realizadas por "Comissões", que eram órgãos temporários criados pelos governos especialmente para a execução de uma determinada obra. A "Comissão" elaborava o projeto e fazia o que hoje costuma ser atribuição do empreiteiro principal: contratação de pessoal, compra de materiais, contratação e fiscalização dos subempreiteiros, etc. As empresas estrangeiras concessionárias de estradas, portos e outros serviços públicos agiam também em geral de forma semelhante, reservando para as firmas nacionais apenas serviços secundários de subempreitadas.

O desprestígio do engenheiro diante de boa parte da população era também devido ao fato de o engenheiro não representar aparentemente uma figura essencial. Principalmente para o povo simples do interior, o que o engenheiro fazia (casas, estradas, pontes, etc.) era apenas o que o próprio povo também sabia fazer. Há séculos que casas, picadas e pinguelas eram construídas artesanalmente sem o auxílio de ninguém, e assim o engenheiro parecia para muita gente um personagem supérfluo, porque não entendiam que ele era capaz de fazer tudo aquilo melhor, mais barato, e sobretudo mais seguro. Enquanto isso, o juiz, o padre, etc. eram respeitados e prestigiados porque suas atribuições estavam fora do alcance do povo em geral.

Mas o desprestígio do engenheiro não era somente entre a população simples; para as classes dirigentes, as classes cultas e para os próprios governos, o engenheiro era também uma figura secundária, e essa situação se refletia na distribuição dos cargos públicos e das posições de decisão, e principalmente nos níveis salariais em comparação com outras classes de escolaridade equivalente.

Com o passar do tempo, o próprio desenvolvimento geral do país e sobretudo as novidades tecnológicas que foram aparecendo (eletricidade e suas aplicações, meios modernos de transportes e de comunicações, concreto armado, etc.) não só alargaram e ampliaram o campo da engenharia como principalmente criaram para o engenheiro novas atribuições para as quais a necessidade do profissional especializado era mais evidente para todos.

Desse modo, aos poucos, os engenheiros e a própria engenharia foram ganhando mais prestígio: qualquer um era capaz de levantar uma casa de taipa, como se fazia desde os tempos coloniais, mas para construir em concreto armado era indispensável a participação do engenheiro, pelo menos para fazer os cálculos necessários. Como disse o ilustre sociólogo Fernando de Azevedo, a autoridade profissional do engenheiro destacava-se principalmente nas áreas em que "se processava a modernização técnica do país".

O mesmo Fernando de Azevedo — insuspeito para falar porque não era engenheiro, e sim formado em direito — referia-se, no início da década de 1950, "à situação anormal dos médicos e dos engenheiros do governo do estado de São Paulo e à iníqua diferença de tratamento desses profissionais, que os levou a pleitear a equiparação dos seus salários com os dos bacharéis". Continua dizendo que esse fato "constitui mais uma prova da incompreensão em face dos engenheiros e do seu trabalho", e que a "tendência a subestimar-lhes o valor é certamente uma das manifestações do desprezo, ainda tão difundido entre nós, pela técnica, que se observa nos países menos industrializados". Como consequência, diz ainda Fernando de Azevedo, "não admira que a ambição de um engenheiro industrial seja deixar os serviços técnicos para fazer carreira nos serviços comerciais, e que das estradas de ferro, em que o verdadeiro criador é o engenheiro, seja frequente a deserção para outras atividades mais lucrativas", e termina com esta triste observação: "A técnica entre nós, como se vê, leva a tudo, com a condição de se sair dela...!" Como isso hoje em dia infelizmente ainda é verdade!

A disparidade de salários dos engenheiros era, aliás, e ainda é, uma constante em todos os níveis da administração pública brasileira. Em 1944, temos, por exemplo, o pedido dos engenheiros da Prefeitura de São Paulo para que os seus salários fossem equiparados aos dos advogados, que ganhavam muito mais. Ainda em 1965, comentava o Prof. Sydney Santos: "Examinem-se, a título de curiosidade, as folhas de pagamento em órgãos públicos onde só se faz engenharia, por exemplo, DNER, DNEF, DNOS ou qualquer outro. Por mais antigo e excepcional que seja, qualquer engenheiro, nessas repartições, ganha sempre menos do que o procurador. Não importa se o procurador é novo, bisonho ou desidioso, e o engenheiro, experiente, aplicado, ou mesmo notável. Ele ganhará sempre menos." E pergunta então o Prof. Sydney Santos: "Por que essa situação constrangedora?" Como agravante, convém lembrar que nas primeiras décadas do século XX a maioria dos engenheiros eram funcionários públicos, ou, como se diz hoje, "funcionários públicos da administração direta", porque ainda não haviam sido inventadas as empresas estatais e paraestatais, nem as fundações ligadas aos governos.

Por todas essas razões, contam-se nos dedos os engenheiros que conseguiram fazer fortuna exercendo pura e simplesmente a engenharia. Houve os que ficaram ricos na profissão, mas aproveitando-se de outras atividades paralelas ou laterais, proporcionadas às vezes, é verdade, pelo próprio exercício profissional, como, por exemplo, as transações de compra e venda de imóveis pelas firmas construtoras. A propósito, é interessante um episódio citado pelo Prof. João Moreira Garcez, em seu discurso de paraninfo na Escola Politécnica de São Paulo, em 1946, quando um aluno certa vez lhe perguntou qual o ramo da engenharia preferível para quem quisesse ganhar dinheiro. Depois de passado o espanto pelo intempestivo da pergunta, o professor explicou que a engenharia, em qualquer de seus ramos, não era a carreira indicada para quem tivesse por meta na vida ganhar muito dinheiro, aconselhando tais pessoas a procurar outras atividades. É por isso também que vários anos mais tarde, em 1959, o engenheiro e escritor Gustavo Corção, analisando e comparando a remuneração de várias profissões, exclamava: "Estudar engenharia não vale a pena", acrescentando que "quem pronuncia essa lúgubre sentença não sou eu, mas as cifras oficiais; é portanto da boca do Estado que sai este aviso aos jovens aspirantes às carreiras técnicas".

A luta por uma remuneração condigna para os engenheiros e para os trabalhos de engenharia era uma luta antiga da classe. Já em 1924, uma comissão do Instituto de Engenharia de São Paulo, composta pelos engenheiros Gaspar Ricardo Jr. e Plínio de Queiroz, foi encarregada de estudar esse assunto, e propôs uma tabela de honorários para os diversos tipos de trabalhos.

Ainda hoje existem no serviço público algumas gritantes distorções salariais, prejudicando, entre outros, não só os engenheiros como principalmente os professores.

Capítulo 10

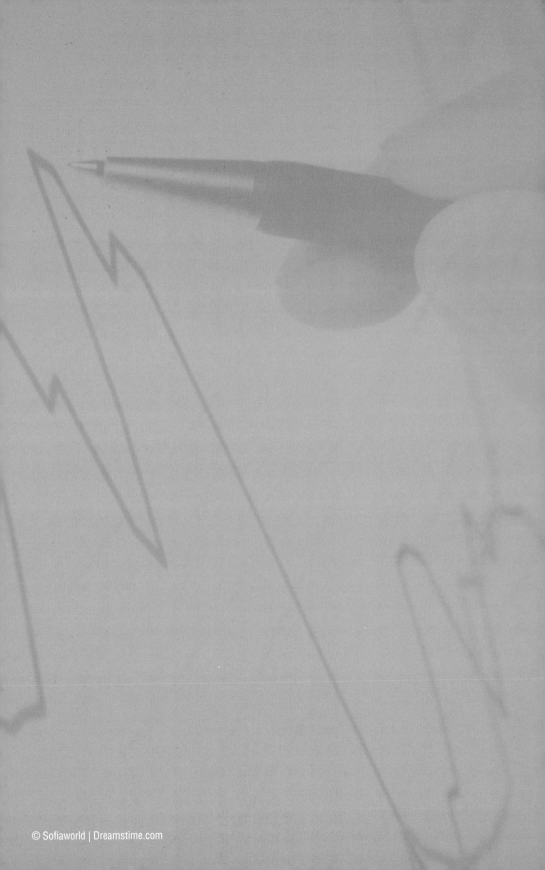

O Instituto Polytechnico Brasileiro, fundado no Rio de Janeiro em 1862, pode ser considerado a mais antiga associação de engenheiros no Brasil, embora não fosse, propriamente, uma associação de classe de engenharia, e sim um centro de estudos e debates técnicos e científicos, contando entre os seus membros não só engenheiros, como também alguns técnicos e cientistas de outras áreas.

O Instituto Polytechnico foi presidido, até 1889, pelo Conde D'Eu, sucedido pelo Eng. Cons. Ignácio da Cunha Galvão; já na República, foi seu presidente, entre outros, o Eng. Christiano Benedito Ottoni. Durante muito tempo, e até 1889, foi seu secretário o Eng. André Rebouças, e no século XX exerceu esse cargo, também por muito tempo, o Eng. Antonio de Paula Freitas. Entre os seus membros contavam-se os mais ilustres engenheiros da época. O Instituto publicava uma revista, que foi ao seu tempo um dos únicos órgãos de imprensa no país em que se publicavam trabalhos técnicos e científicos da área da engenharia, alguns de alto valor. Esse Instituto distribuía também alguns prêmios, como o instituído, com o seu nome, pelo engenheiro inglês Sir John Hawkshaw, para o autor do melhor trabalho de engenharia em cada ano.

O Instituto Polytechnico nunca foi formalmente extinto; teve alguma atuação até a década de 1920, havendo notícia, por exemplo, de concessão do Prêmio Hawkshaw em 1924.

Acreditamos que a primeira associação de classe de engenheiros no Brasil propriamente dita tenha sido o Instituto Polytechnico de São Paulo, fundado nessa cidade em 1876. Ele também publicava uma revista técnica, e seu presidente em 1878 era o Eng. Nicolau Rodrigues dos Santos França. Essa associação teve provavelmente vida curta, embora não saibamos ao certo até quando existiu.

Associação de classe mais importante, até hoje existente, e com larga folha de serviços prestados à engenharia e à nação, é o Clube de Engenharia, fundado no Rio de Janeiro em 1880, e que é assim atualmente a mais antiga associação de engenheiros no país.

Das associações atualmente existentes, a segunda mais antiga é o Instituto de Engenharia, fundado na cidade de São Paulo em 1917. Outras associações congêneres veteranas, ainda em atividade, são o Clube de Engenharia de Pernambuco e o Clube de Engenharia do Pará, ambos de 1919, o Instituto de Engenharia do Paraná, de 1926, a Sociedade de Engenheiros do Rio Grande do Sul, de 1930, a Sociedade Mineira de Engenheiros, de 1931, o Clube de Engenharia de Juiz de Fora, de 1933, a Sociedade de Engenheiros e Arquitetos do Estado do Rio de Janeiro, de 1935, a Sociedade de Engenheiros e Arquitetos Municipais de São Paulo, de 1936, o Clube de Engenharia do Rio Grande do Norte, também de 1936, o Clube de Engenharia da Bahia, de 1941, o Clube de Engenharia da Paraíba, de 1946, e o Clube de Engenharia do Ceará, de 1948.

Em dezembro de 1935, foi fundada no Rio de Janeiro a Federação Brasileira de Engenheiros, depois, e até hoje, denominada Federação Brasileira de Associações de Engenheiros – Febrae, destinada a congregar, em nível nacional, todas as associações de classe de engenheiros no país.

Acreditamos que a mais antiga associação de ex-alunos de uma escola de engenharia seja a Associação de Antigos Alunos da Politécnica – A3P, fundada no Rio de Janeiro em maio de 1932 e até hoje existente, congregando antigos alunos da Escola Politécnica do Rio de Janeiro e de suas sucessoras, a Escola Nacional de Engenharia e a atual Escola Politécnica da UFRJ. Em outubro de 1942 fundava-se em Ouro Preto, MG, a Associação de Antigos Alunos da Escola de Minas, daquela cidade.

Entre as associações de engenheiros pertencentes a uma empresa, talvez a primeira tenha sido a Associação de Engenheiros da Estrada de Ferro Central do Brasil, fundada no Rio de Janeiro em junho de 1937. A Associação dos Engenheiros da Estrada do Ferro Leopoldina, também do Rio de Janeiro, é de abril de 1949.

Outras associações de classe já antigas e ainda atuantes são a Associação Brasileira de Engenheiros Eletricistas, de junho de 1937 — uma das primeiras, ou a primeira, associações específicas para engenheiros de uma determinada especialidade — e a Associação Brasileira de Engenheiras e Arquitetas, reunindo em nível nacional as profissionais do sexo feminino, fundada no Rio de Janeiro em julho de 1937.

Atualmente existem, em todo o país, 89 associações de classes de engenheiros, a maioria das quais inclui também outros profissionais, como arquitetos, agrônomos, químicos, etc.

Acreditamos que o primeiro sindicato de engenheiros no país tenha sido o Sindicato Central dos Engenheiros, fundado no Rio de Janeiro em fins de 1931, atendendo à política do governo da Revolução de 1930 de promover a sindicalização das diversas classes trabalhadoras.

A formação de novos sindicatos de engenheiros prosseguiu em todo o país. Em fevereiro de 1934, por exemplo, foi fundado o Sindicato de Engenheiros do Pará, que manteve durante alguns anos a Escola de Engenharia do Pará.

Uma associação já extinta que teve importância e reuniu muitos dos grandes nomes de nossa engenharia foi a Sociedade Brasileira de Engenheiros — SBE, fundada no Rio de Janeiro em 1929.

Desde o início da década já havia a ideia de fundar-se uma associação de classe de engenheiros de caráter nacional, que propugnasse pela regulamentação da profissão e pela atualização dos cursos técnicos e de engenharia, que servisse como um centro de troca de informações e de experiências entre engenheiros e de arquivo de informações técnicas e comerciais sobre pessoas e empresas e, finalmente, que tivesse uma sede verdadeiramente condigna, assemelhando-se a outras associações nacionais de engenheiros de outros países. A intenção era também congregar as associações de classe regionais já existentes, tendo sido assim uma precursora da atual Federação Brasileira de Associações de Engenheiros.

A Comissão Organizadora dessa Sociedade foi formada em 1926, dirigindo um manifesto à classe em que solicitava o apoio e a colaboração dos engenheiros de todas as formas possíveis.

A SBE foi afinal fundada a 16 de maio de 1929, muito concorrendo para isso o trabalho dos Engs. Soter Caio de Araújo e Hernani Motta Mendes. Organizou-se uma Comissão Executiva, da qual faziam parte, além dos anteriormente citados, entre outros, os Engs. Henrique de Novaes, Fernando Viriato Miranda Carvalho, Francisco Moreira da Fonseca e Henrique de Almeida Gomes. Não sabemos até quando durou a SBE.

Além das associações de classes, devem também ser citadas algumas outras entidades relacionadas com a engenharia, embora não sejam associação de engenheiros, como, por exemplo, a ABNT (Associação Brasileira de Normas Técnicas), a ABDIB (Associação Brasileira de Indústrias de Base), a ABM (Associação Brasileira de Metais), a ABS (Associação Brasileira de Siderurgia), a ABC (Associação Brasileira de Concreto), etc.

# Capítulo 11

O exercício legal da profissão do engenheiro só foi regulamentado no Brasil, em nível nacional, em 1933.[1] Antes disso entretanto, muitas tentativas e muitos esforços houve para conseguir-se essa regulamentação, coibindo a prática do charlatanismo e a concorrência desleal dos mais variados tipos de pseudoprofissionais e de outros indivíduos não habilitados.

A atuação irregular desses indivíduos em atividades que deveriam ser atribuição exclusiva dos engenheiros era um problema antigo no Brasil, aliás um problema histórico, que vinha desde os tempos coloniais.

Como já fizemos notar, foi o aparecimento de especializações na engenharia — em particular o concreto armado e a eletricidade, em princípios do século XX — que contribuiu para começar a afastar muitos desses indivíduos estranhos, que não tinham condições de dominar essas novas técnicas. Mesmo assim, na construção predial continua até hoje a ação de pessoas não diplomadas, principalmente entre as populações de baixa renda, no interior do país e na periferia das grandes cidades.

---

[1] É curioso observar que a profissão de agrimensor já estava regulamentada no Brasil desde 1887, quando o Decreto Imperial n.° 9.827 estabeleceu as "habilitações necessárias para o exercício da profissão". Talvez essa pressa em regulamentar a profissão de agrimensor tenha sido motivada por disputas judiciais pela posse de terras, que tenham forçado a justiça a afastar os indivíduos não habilitados nos trabalhos de levantamento e demarcação de terras.

A luta dos engenheiros pela regulamentação de sua profissão foi longa, árdua e muitas vezes mal compreendida.

Por incrível que possa parecer, havia os que sustentavam a tese de que a existência de uma regulamentação para a profissão do engenheiro feria o artigo 72 da Constituição da República, de 1891, que garantia a todos o livre exercício de qualquer profissão! Curiosamente, e paradoxalmente também, os que assim pensavam admitiam como perfeitamente válida a regulamentação da profissão do advogado — exigindo que os advogados, juízes, promotores, etc. fossem obrigatoriamente bacharéis em Direito — e também da profissão do médico.[2] A exigência do diploma de advogado e de médico, para qualquer atividade relacionada com essas profissões, sempre houve no Brasil, desde os tempos coloniais. Respondendo a essa esdrúxula argumentação, que excluía os engenheiros da regulamentação, dizia uma Exposição de Motivos, encaminhada em 1921 à Assembleia Legislativa de São Paulo pelo Eng. Francisco Monlevade, então presidente do Instituto de Engenharia de São Paulo, "que o garantido pela Constituição era a liberdade de escolha de qualquer profissão, mas o exercício desta (profissão) não pode deixar de ficar sujeito às leis restritivas que os poderes públicos tenham neces-

---

[2] O Prof. Maurício Joppert da Silva, um dos grandes batalhadores pela regulamentação da profissão, dizia com muita propriedade, em 1930, em seu discurso como paraninfo dos formandos na Escola Politécnica do Rio de Janeiro: "A polícia impede a exploração da medicina a todo aquele que não possuir um diploma conferido por faculdade reconhecida oficialmente; não pode conduzir um veículo na via pública quem não apresentar o atestado de seu exame de competência, e assim para muitas outras profissões. Entretanto, qualquer curioso, nacional ou estrangeiro, que se improvise como engenheiro, encontra quem o aceite e prefira a qualquer um de nós que viemos honestamente fazer o nosso curso de habilitação." Era realmente uma situação absurda! Justificava-se a exigência do diploma de médico alegando o risco de vida para o público consequente da atuação na medicina de indivíduos não diplomados. Entretanto, as obras de engenharia, quando feitas por pessoas ignorantes ou incapazes, não representavam também, com frequência, grave risco de vida?

sidade de criar para salvaguardar a vida, a saúde e a propriedade do cidadão". Acrescentava ainda a mesma Exposição de Motivos que "a regulamentação da engenharia interessa mais ao particular que ao próprio profissional..., que sem leis protetoras dos seus interesses poderá vê-los periclitados quando entregues à inabilidade e incompetência de indivíduos pouco escrupulosos". O editorial da *Revista Brasileira de Engenharia* de novembro de 1921 — escrito pelo Prof. José Pantoja Leite — comentando essa Exposição de Motivos, enfatizava que "a sociedade não pode impedir que cada um escolha a profissão que entendeu, mas tem o direito, e mesmo o dever, de impedir que a exerça em seu prejuízo". E continuava: "Habilitação só se adquire *a priori*, antes do desempenho das funções, e não no decorrer das mesmas... Não se improvisam engenheiros; bem longe vão já os tempos do empirismo grosseiro a ditar leis sem fundamento." Hoje em dia parece-nos difícil imaginar uma discussão dessas, sobre um assunto tão óbvio, e mais difícil ainda admitir que alguém pudesse ser contra — e até taxar de inconstitucional — a simples regulamentação do exercício de uma profissão!

Não nos foi possível precisar quando a luta pela regulamentação da profissão começou de forma mais concreta e objetiva. Na década de 1920, temos amplo noticiário e vários movimentos nesse sentido, e nessa mesma década aparecem as primeiras leis estaduais regulamentando a profissão, antes mesmo que houvesse qualquer legislação federal a esse respeito.[3]

Em julho de 1921, por exemplo, um grupo de alunos da Escola Politécnica do Rio de Janeiro dirigiu uma representação ao Prof. Paulo de Frontin — que era então diretor dessa Escola e também senador da República —, pedindo que fosse "legalmente estabe-

---

[3] É interessante observar, a esse propósito, que o Código Civil Brasileiro, de 1915, quando trata dos direitos, deveres e responsabilidade de quem realiza uma obra, refere-se somente ao "mestre de obras", ao arquiteto e ao empreiteiro; assim, para o legislador, não existia a figura do engenheiro como o responsável por uma obra.

lecida a necessária responsabilidade de um diploma nas múltiplas e variadas aplicações da técnica da Engenharia", chamando atenção que mesmo nos cargos públicos e comissões técnicas do governo "nem sempre cabe ao engenheiro diplomado a preferência (na nomeação) que de direito lhe deveria assistir". Chamavam atenção também que as empresas estrangeiras costumavam dar absoluta preferência a indivíduos com "títulos de universidades estrangeiras, conferidos até por correspondência, sem o mínimo escrúpulo". Lembravam esses alunos que existia um decreto federal de março de 1915 estabelecendo minuciosamente as condições de reconhecimento e revalidação de diplomas estrangeiros no país,[4] e que esse decreto rara vezes vinha sendo obedecido. Pediam então a Paulo de Frontin que "tomasse sobre os seus ombros a árdua tarefa de militar junto ao Legislativo pela justa reivindicação dos direitos inerentes aos engenheiros".

O estado de São Paulo foi a primeira unidade da Federação a regulamentar a profissão do engenheiro, juntamente com a do arquiteto e do agrimensor.[5] Um projeto de lei nesse sentido estava em discussão na Assembleia Legislativa desde 1921, e foi justamente em defesa desse projeto que o Eng. Francisco Monlevade encaminhou ao presidente da Assembleia a Exposição de Motivos citada anteriormente, elaborada pelos engenheiros Alexandre

---

[4] O Decreto n.º 11.530, de março de 1915, exigia que o diploma estrangeiro fosse autenticado pelo cônsul do Brasil, que deveria declarar ser o diploma válido para o exercício da profissão no país de origem. Além disso, o candidato deveria apresentar uma tese sobre três cadeiras dos últimos quatro anos do curso (por sorteio) e fazer a sua defesa oral. Essas exigências eram evidentemente muito severas, e por isso não vinham sendo cumpridas, havendo mesmo muitos casos de pedidos de dispensa, como informava um ofício de fevereiro de 1922 do ministro da Viação ao Conselho Superior de Ensino.

[5] Há uma informação de que no estado do Rio de Janeiro a profissão de engenheiro teria sido regulamentada pelo Decreto Estadual n.º 3.241, de 1922, anterior portanto à legislação congênere em São Paulo. Não conseguimos confirmar essa informação, e outras fontes de consulta indicam unicamente a primazia do estado de São Paulo nesse ponto.

Albuquerque, Ranulfo Pinheiro Lima e Arthur de Lima Pereira. O projeto dormitou nas comissões da Assembleia até 1924, quando o Eng. Luiz Augusto Pereira de Queiroz, que era deputado estadual, em árduo trabalho parlamentar e notável esforço político, conseguiu afinal a sua aprovação, de que resultou a Lei Estadual n.º 2.022, de 17 de dezembro do mesmo ano.

Por essa lei, as profissões de engenheiro, arquiteto e agrimensor — em quaisquer de seus ramos — só poderiam ser exercidas por pessoas diplomadas por escolas nacionais oficiais ou equiparadas, e pelos diplomados por escolas estrangeiras que aqui revalidassem seus diplomas. Admitia-se entretanto, provisoriamente, os que já exerciam cargo efetivo de engenheiro, de arquiteto e de agrimensor em repartições públicas federais, estaduais e municipais, bem como os que já contavam com pelo menos cinco anos de exercício profissional no estado. A lei exigia o registro dos diplomas na Secretaria de Agricultura, que publicaria semestralmente a relação nominal dos profissionais habilitados; exigia-se também que a direção e execução de serviços dessas profissões por parte de companhias, sociedades, etc. fossem obrigatoriamente entregues a profissionais habilitados. Dentro do prazo de um ano, o estado e os municípios não poderiam empreender nenhum serviço dessas profissões que não estivesse sob responsabilidade de pessoa legalmente habilitada. Em fevereiro de 1926, o prefeito de São Paulo, Eng. José Pires do Rio, determinou que todos os engenheiros da Prefeitura registrassem seus títulos e diplomas na Diretoria de Obras.

Apesar de suas falhas — principalmente a extrema benevolência para com os profissionais não diplomados —, essa lei representou um grande passo, por ter sido a primeira no país a impor alguma regulamentação ao exercício da profissão de engenheiro.

Em 1926, foi a vez de o estado do Paraná regulamentar a profissão, por um decreto de fevereiro desse ano, que exigia para o exercício profissional a apresentação de diploma reconhecido pelo governo do estado ou da União. Outras legislações estaduais semelhantes, de que tivemos conhecimento, foram a Lei Estadual n.º 1.815, de 1928, do estado de Pernambuco, e o Decreto n.º 7.274, de janeiro de 1932, do governo da Bahia, que regulamentava o exercício das profissões de engenheiro, arquiteto e agrimensor. Essas leis estaduais eram, entretanto, independentes umas das outras, diferentes entre si, e talvez até contraditórias, já que não havia nenhuma legislação superior que as formalizasse.

Em abril de 1927, o Ministro da Viação baixou uma portaria modificando as condições do registro de diplomas de engenheiros, quer nacionais quer estrangeiros. Exigia-se, para os diplomas expedidos por escolas estrangeiras, a devida revalidação, não sendo admitidos, em hipótese alguma, os diplomas conferidos por escolas por correspondência,[6] e exigia-se também, a partir da data da referida portaria, que nenhuma nomeação fosse feita para cargos técnicos — efetivos ou interinos — sem que o candidato apresentasse o seu título ou diploma devidamente registrado pela Secretaria do Ministério. Essas exigências aplicavam-se evidentemente apenas aos engenheiros a serviço desse Ministério.

Na inexistência de uma legislação geral, não só os estados como também alguns municípios faziam suas próprias leis. Em julho de 1926, por exemplo, a Prefeitura de São Paulo resolveu regulamentar as profissões de "construtor", eletricista e encanador.

Era exigido, para qualquer obra, um projeto com desenhos e memorial descritivo, assinado pelo "construtor", que poderia ser um engenheiro, um arquiteto ou um empreiteiro, esses últimos licenciados mediante prova de competência, a juízo da Prefei-

---

[6]Apesar dessas disposições taxativas quanto aos diplomas estrangeiros obtidos em escolas por correspondência, ainda em 1931 — portanto quatro anos depois — o mesmo Ministério da Viação mandava cancelar vários registros de diplomas dessas escolas, dando a entender que a Portaria de 1927 tinha "furos" que permitiam fraudes, ou que não havia sido exatamente obedecida.

tura; para obras que exigissem conhecimentos de resistência dos materiais ou de estabilidade, os empreiteiros sozinhos não seriam aceitos.[7]

A profissão de encanador já estava regulamentada há muito tempo em São Paulo, pela Repartição de Águas e Esgotos, fato esse que provocou uma curiosa observação do deputado Eng. L. A. Pereira de Queiroz, em 1924, quando se discutia na Assembleia Legislativa a regulamentação da profissão de engenheiro, chamando atenção para uma situação que era mínimo paradoxal:

> Para se construir um edifício no estado de São Paulo é exigido que os encanamentos sejam feitos por pessoas diplomadas nesse mister, mas para a totalidade da obra nada se exige de idoneidade do seu executor, que poderá até ser um indivíduo que a Repartição de Águas não consinta que seja 'doutor' em encanamentos!

Era de fato uma anomalia gritante.

Continuava, porém, o esforço de associações de classe de engenheiros, sindicatos, escolas, etc. pela regulamentação da profissão em nível nacional. Como consequência desse esforço, em agosto de 1929, o Ministério da Justiça — a quem estavam afetos, na época, os assuntos de educação — solicitou ao Conselho Nacional do Ensino um anteprojeto de regulamentação, para ser posteriormente submetido à apreciação do Congresso Nacional. Não sabemos se de fato foi feito esse anteprojeto e que fim teve, mas, no intuito de colaborar com o governo, algumas associações de classe elaboraram também projetos de lei nesse sentido.

Em princípios de 1930, por exemplo, a Sociedade Brasileira de Engenheiros encarregou o Eng. Moacyr Malheiros Fernandes da Silva — que de longa data se ocupava no registro de diplomas de engenheiros no Ministério da Viação — de estudar uma minuta

---

[7] A grande dificuldade estaria em definir com precisão quais as obras que exigiam ou não tais conhecimentos, porque, teoricamente, qualquer obra exige algum conhecimento de resistência dos materiais.

de lei. Esse trabalho foi depois revisado pelos engenheiros Pandiá Calógeras, Oscar Weinschenck, Romero Zander e Dulcídio de A. Pereira, e encaminhado ao deputado Eng. Prado Lopes, para apresentação à Câmara dos Deputados. Sobreveio, entretanto, a Revolução de 1930, que fechou o Congresso Nacional, liquidando assim esse projeto de lei.

Se o fechamento do Congresso impediu o prosseguimento desse projeto, por outro lado os ministros da Viação do Governo Provisório de 1930 mostraram-se mais bem receptivos à ideia da regulamentação da profissão de engenheiro, e assim, no âmbito governamental, esse assunto prosseguiu com mais facilidade. No esforço junto ao governo para que fosse dado andamento ao projeto de regulamentação da profissão destacou-se a Sociedade Brasileira de Engenheiros, que conseguiu mais de uma entrevista com o presidente Getúlio Vargas, nas quais ofereceu seus préstimos nos estudos dos problemas nacionais.

Em 1932, o Clube de Engenharia elaborou também um projeto de lei a ser apresentado ao governo a título de sugestão. Esse projeto, da mesma forma que outros anteriores, era muito liberal, exigindo a diplomação apenas para os engenheiros em cargos públicos, e ainda assim permitindo a atuação de pessoas não diplomadas no serviço público, desde que já estivessem exercendo cargos privativos de engenheiros. A novidade era a proposta de criação de um órgão subordinado ao Ministério do Trabalho para fiscalizar o exercício da profissão, em uma antevisão do futuro Confea.

A regulamentação da profissão de engenheiro, de arquiteto e de agrimensor veio afinal, em caráter nacional, pelo Decreto Federal n.º 23.569, de 11 de dezembro de 1933. Foi uma longa espera e uma longa luta!

Salientou-se, na etapa final dessa luta, o Prof. Adolpho Morales de los Rios Filho, que conseguiu convencer o presidente Getúlio Vargas a assinar o decreto, vencendo as últimas resistências e escrúpulos que ainda tinha o Chefe do Governo, por sua formação positivista quanto à liberdade no exercício das profissões;

merece também destaque nessa fase a atuação do Prof. Maurício Joppert da Silva.

Esse decreto resultou na consolidação de vários estudos e projetos, existentes ou apresentados ao governo, que foram reestudados por uma comissão nomeada, em abril de 1933, pelo ministro do Trabalho, especialmente para esse fim. Faziam parte dessa comissão os engenheiros José Luiz Mendes Diniz (Clube de Engenharia), Cesar do Rego Monteiro Filho (Sindicato Central dos Engenheiros), Cesar de Sá Rabello (Instituto de Engenharia, de São Paulo), Adolpho Morales de los Rios Filho (Instituto Central de Arquitetos) e José Furtado Simas (Associação Brasileira de Concreto), além de outros indicados pela Associação de Engenheiros Civis da Bahia e pela Sociedade Mineira de Engenheiros. Um dos trabalhos recebidos por essa comissão foi o elaborado pelo Instituto de Engenharia de São Paulo, pelo Eng. Plínio de Queiroz, com a colaboração dos Drs. José de Carvalho Martins (consultor jurídico da Secretaria de Viação de São Paulo) e Henrique Bayma, da Ordem dos Advogados de São Paulo.

O Decreto n.º 23.569 estabelecia, em resumo, o seguinte:

> O exercício das profissões de engenheiro, arquiteto e agrimensor — inclusive no Serviço Público, e em todos os níveis — só será permitido aos diplomados por escolas nacionais reconhecidas, ou por escolas estrangeiras, devendo, nesse último caso, haver a revalidação do diploma, na forma da lei. Ficava entretanto garantido o direito dos indivíduos não diplomados, licenciados pelos governos estaduais até a data desse decreto, desde que contra eles não houvesse nada que os desabonasse; essas pessoas perdiam a licença caso cometessem erros técnicos devidamente comprovados.
>
> - Só poderão ser submetidos a julgamento das autoridades competentes, e só terão valor jurídico os estudos, projetos, plantas, laudos, etc. executados por profissionais habilitados de acordo com esse decreto, e somente esses profissionais poderão realizar obras.

- Em todas as memórias, especificações, desenhos, orçamentos, plantas e outros documentos que representem algum trabalho de engenharia, é obrigatória a colocação do nome do profissional e do seu título e número de registro.
- As firmas, sociedades, companhias, etc. que executem qualquer trabalho de engenharia deverão ter obrigatoriamente profissionais devidamente habilitados como responsáveis por esses trabalhos. A mesma obrigação existirá em relação a quaisquer órgãos de governos ou repartições públicas, em todos os níveis.
- Em todas as obras é obrigatória a colocação de uma placa, em lugar visível, com o nome, título e número de registro do profissional responsável.
- São criados o Conselho Federal de Engenharia e Arquitetura (Confea), com sede no Rio de Janeiro, e os Conselhos Regionais de Engenharia e Arquitetura (Creas), com sede no Rio de Janeiro e em várias capitais dos estados. Esses órgãos terão como atribuição a fiscalização do exercício profissional, podendo inclusive aplicar penalidades por infrações aos dispositivos desse decreto. Os membros desses conselhos serão profissionais devidamente habilitados, indicados pelo governo, por escolas federais de engenharia e por associações de classe.
- São criados o registro profissional ao Ministério da Educação (então chamado de Ministério da Educação e Saúde), e a carteira profissional, documento expedido pelos Creas e que substitui o diploma para todos os efeitos. Essa carteira conterá, entre outros dados do profissional, o nome, a nacionalidade, a escola por onde se formou, a natureza do título, a data da diplomação e o número de registro no Crea.
- Discriminação das atribuições dos engenheiros civis, industriais, eletricistas, mecânicos, de minas, geógrafos e agrônomos, e também dos arquitetos. Era entretanto reconhecida a necessidade de futura revisão dessas atribuições — inclusive para a inclusão de novas especializações —, atendendo ao "progresso da técnica, da arte, ou do país".

# Capítulo 12

No último decênio do século XIX foram criadas no Brasil cinco escolas de engenharia:

- Escola Politécnica de São Paulo – 1893
- Escola de Engenharia de Pernambuco – Recife, PE – 1895
- Escola de Engenharia Mackenzie – São Paulo, SP – 1896
- Escola de Engenharia de Porto Alegre – 1896
- Escola Politécnica da Bahia – Salvador, BA – 1897

Essas escolas, cuja atuação evidentemente só se faz sentir no século XX, vieram juntar-se às duas únicas outras existentes — Escola Politécnica do Rio de Janeiro e Escola de Minas de Ouro Preto —, ampliando e diversificando qualitativa e geograficamente a formação de engenheiros no país. Com isso, começou a diminuir de importância a velha escola do Rio de Janeiro, até então o principal — e quase único — centro de formação de engenheiros no Brasil, que por isso mesmo recebia alunos provenientes de todos os pontos do país.

Essa primeira expansão do ensino foi uma consequência do surto de desenvolvimento propiciado pelos bons preços do café e da imigração estrangeira, e também da descentralização político-administrativa propiciada pela República.

Já no século XX, outras escolas de engenharia foram aparecendo: em 1911, fundou-se a então denominada Escola Livre de Engenharia da UFMG, em Belo Horizonte, nova capital de Minas Gerais. No ano seguinte, é a vez da Faculdade de Engenharia do Paraná, em Curitiba, e da Escola Politécnica do Recife, vindo a seguir, em 1913, o Instituto Eletrotécnico de Itajubá, MG, que formava engenheiros mecânicos-eletricistas, e em 1914, a Escola de Engenharia de Juiz de Fora, também em Minas Gerais, estado que passou então a contar com quatro escolas de engenharia.

Durante bastante tempo não apareceu nenhuma nova escola. Afinal, em 1928, foi criada, dentro da organização do Exército Brasileiro, a Escola de Engenharia Militar — antecessora do atual Instituto Militar de Engenharia - IME —, para a formação de engenheiros militares de várias especialidades. Seguiu-se, cronologicamente, a Escola de Engenharia do Pará, em Belém, fundada em 1931.

Vieram depois a Escola de Engenharia Industrial da Pontifícia Universidade Católica de São Paulo (1946), a Escola Politécnica da Pontifícia Universidade Católica do Rio de Janeiro (1948), o Instituto Tecnológico da Aeronáutica, em São José dos Campos, São Paulo (1950), e a Escola Politécnica do Espírito Santo, em Vitória (1952).

Em 2011 havia em todo o país 561 escolas de engenharia. A grande expansão numérica de escolas deu-se a partir de 1960, como aliás aconteceu também com outros ramos do ensino superior. Expansão exagerada, que levou necessariamente a uma baixa na qualidade média de ensino, como ficou comprovado nos "Provões" realizados recentemente.

Como já fizemos notar nesse trabalho, apesar da criação de novos cursos de engenharia, a partir de 1874, na Escola Politécnica do Rio de Janeiro, até por volta de 1960 ainda era maciça a predominância da tradicional engenharia civil no total de engenheiros diplomados.

A seguinte estatística mostra a evolução da porcentagem dos diplomas de engenheiro civil sobre os totais de diplomas concedidos, em cada decênio, em três escolas representativas: a Escola Politécnica da UFRJ, a Escola Politécnica da USP e a Escola de Engenharia da UFRGS, em Porto Alegre. Infelizmente não temos os dados referentes ao decênio 1961-1970, da Politécnica da USP, e os anteriores a 1930, da Escola Politécnica da UFRJ.

| Decênios | Escola Politécnica UFRJ | Escola Politécnica USP | Escola de Engenharia UFRGS |
|---|---|---|---|
| 1901-1910 | | 86 % | 100 % |
| 1911-1920 | | 97 % | 61 % |
| 1921-1930 | | 93 % | 85 % |
| 1931-1940 | 76 % | 76 % | 89 % |
| 1941-1950 | 74 % | 59 % | 77 % |
| 1951-1960 | 89 % | 71 % | 67 % |
| 1961-1970 | 33 % | | 33 % |
| 1971-1980 | 27 % | 33 % | 43 % |
| 1981-1990 | 26 % | 26 % | 46 % |
| 1991-1998 | 16 % | | 37 % |

Nas outras escolas de engenharia brasileiras esses números não devem ter sido muito diferentes, embora não tenhamos dados suficientes. Na minha turma de 1947, da então denominada Escola Nacional de Engenharia (atual Escola Politécnica da UFRJ), a percentagem dos diplomados somente em engenharia civil era de 68 % sobre o total. Note-se que até a década de 1960 o curso de engenharia civil era feito por quase todos os alunos, acrescentando alguns, como complemento, um outro curso (eletricista, mecânico, etc.), feito simultaneamente, como permitiam os regulamentos da época. Aliás, a maior parte das cadeiras era comum a todos os cursos, o que facilitava seguir dois ou até três cursos ao mesmo tempo. Fazer somente outro curso qualquer, excluindo a engenharia civil, eram casos de exceção, bastante raros.[1]

---

[1] O Prof. Sydney Santos conta que na sua turma (de 1935) da Escola Politécnica do Rio de Janeiro aconteceu uma dessas exceções, um aluno formou-se "apenas" em engenharia elétrica.

Os engenheiros civis eram "pau para toda obra", sendo empregados não só em diversos ramos da engenharia civil propriamente (construção predial, estradas, pontes, portos, sistemas de águas e esgotos, etc.), mas também em outras atividades de engenharia. Eu mesmo, apenas com o diploma de engenheiro civil, iniciei a vida profissional na área de construção naval.

A partir da década de 1960, começou a se tornar significativa a quantidade de engenheiros de outras especialidades, principalmente engenheiros eletricistas, mas também engenheiros mecânicos, metalúrgicos, e mais tarde engenheiros eletrônicos, navais, aeronáuticos e de produção.

O surto industrial que se intensificou a partir do princípio do século XX, principalmente em São Paulo, empregou, de início, muito poucos engenheiros. Essas primeiras indústrias eram, com raras exceções, de dois tipos: ou pequenas indústrias, em geral de base familiar, que comportavam por isso muito poucos empregados, ou grandes indústrias, onde tudo era importado, ainda que a propriedade e o capital fossem nacionais.

Para essas últimas, vinham do exterior não só as máquinas e o *know-how*, mas também todo o pessoal técnico necessário de nível superior e de nível médio, praticamente nada sobrando para os engenheiros brasileiros. Em uma longa reportagem sobre o Brasil em 1913, que descreve minuciosamente quase todas as indústrias então existentes, figuram somente três engenheiros brasileiros. Nessa mesma reportagem estão os nomes de muitos engenheiros estrangeiros, inclusive de alguns ingleses "engenheiros práticos", isto é, não diplomados, que eram diretores técnicos de duas das maiores fábricas de tecidos na época; outras dessas fábricas são ditas como sob a direção de "profissionais ingleses de grande prática", com toda certeza também não engenheiros.

Alguns engenheiros brasileiros, por exceção, também projetaram e construíram fábricas, como o Eng. Augusto Ferreira Santos, professor da Escola Politécnica de São Paulo e idealizador e construtor do "bondinho" do Pão de Açúcar, no Rio de Janeiro, que projetou e construiu fábricas de cimento, de papel, e usinas de açúcar no Espírito Santo, e o Eng. C. F. Hargreaves, que trabalhou no Moinho Fluminense, no Rio de Janeiro, e construiu as fábricas de tecidos Aliança e Corcovado, no Rio de Janeiro e outra em Niterói.

Ainda em 1944, em conferência no Instituto de Engenharia de São Paulo, os Engs. Ary F. Torres e Gumercindo Penteado chamaram a atenção para a falta de engenheiros nacionais na indústria, dizendo que as "nossas Escolas de Engenharia não estão aptas a fornecer todos os tipos de engenheiros que o momento industrial reclama". Quase trinta anos antes, em 1917, já dizia o Prof. Paula Souza, a propósito da crescente industrialização em São Paulo, que as "principais dificuldades com que hoje lutamos são em grande parte devidas à falta de pessoal que tenha conhecimentos práticos necessários das inúmeras indústrias que nessa época de progresso espontaneamente surgem em nosso estado..." A expansão havida no século XX nas cidades, e principalmente nas obras públicas, absorvia a maioria dos profissionais de engenharia. Por isso, ainda em 1967, dizia o Eng. B. Aldegheri que até essa época quase só se pensava em engenheiros como construtores de obras civis, e nem todos sabiam que eles se dedicavam também a outras atividades. Lili Kawamura atribui a alguns engenheiros que foram também destacados líderes industriais, como Roberto Simonsen, Cyro Berlink, Rubem de Mello, Alfredo Dumont Villares e Francisco de Salles Oliveira, a ampliação de oportunidades de engenheiros na indústria, que começou a se observar principalmente a partir da década de 1940. Essa tendência foi também causada pela implantação de algumas importantes indústrias de base no país.

Voltando ao assunto da especialização em engenharia, é interessante observar que o desdobramento das diversas especialidades dentro do campo da engenharia deu também origem a algumas atividades que são, já há muito tempo, consideradas profissões independentes, tais como matemático, físico, químico, geólogo, astrônomo, etc., até economista, estatístico e administrador de empresas.[2]

Nos últimos decênios surgiram novas modalidades de engenharia: engenharia florestal, engenharia de alimentos, engenharia genética, engenharia biomédica, engenharia espacial, e talvez ainda outras. O fato é que com o passar do tempo novos campos de conhecimento e de atividade humana vão sendo enquadrados em novas especialidades de nossa profissão, havendo até quem diga que no futuro também a medicina será uma modalidade de engenharia, já que, cada vez mais, o diagnóstico e o tratamento de muitos males vêm sendo feitos com o auxílio de uma aparelhagem cuja tecnologia se torna dia a dia mais sofisticada e mais complexa. Não vamos chegar a tanto!

Entretanto, é fora de dúvida que a tendência é o alargamento cada vez maior do campo geral da engenharia: à medida que novas grandezas puderem ser quantificadas, em qualquer setor do conhecimento humano, a matematização dos respectivos fenômenos abrirá um novo campo para a engenharia.

---

[2] É interessante observar que dois dos maiores economistas brasileiros, Eugênio Gudin e Mário Henrique Simonsen, eram ambos engenheiros, antes de se tornarem economistas.

Capítulo **13**

A demanda de engenheiros no mercado de empregos em geral seguiu, ao longo dos anos, a flutuação da situação econômica do país: nos períodos de expansão da economia, muitos projetos, muitas obras, pleno emprego para os engenheiros; nos períodos de recessão, param os projetos, param as obras, desemprego para os engenheiros. Assim, houve época de falta e época de excesso de engenheiros.

Até a Primeira Guerra Mundial houve uma expansão da economia, devido principalmente ao progresso do café e à industrialização em São Paulo. Outro período de prosperidade ocorreu na década de 1920, ocasião em que chegou a haver falta de engenheiros para atender às necessidades crescentes das obras e da indústria, tendo havido inclusive alguma imigração de engenheiros dos países europeus devastados pela guerra.

A grande depressão de 1929, a queda do café, e depois as Revoluções de 1930 e 1932, determinaram um período de grave crise e paralisação geral das obras públicas, com o consequente excesso de engenheiros e desemprego generalizado.

Em 1934, o Instituto de Engenharia de São Paulo chegou a promover uma campanha de ajuda aos engenheiros desempregados ou necessitados, recolhendo doações e conseguindo colocações, dizendo uma notícia que "em pouco tempo foram reunidos quase 75 contos, e conseguido trabalho para 41 engenheiros, em várias missões de caráter técnico, de que resultaram valiosos estudos da maior importância e oportunidade".

Em novembro de 1930, o Prof. Felippe dos Santos Reis dizia que a "Revolução encontrou a classe dos engenheiros em estado de franca agonia [...] a paralisação das obras públicas no fim do governo passado mais se agravou com a Revolução, pelo retraimento do capital particular, elemento receoso e esquivo dos ambientes sociais mal esclarecidos em garantias financeiras". E continua: "Com a crise do trabalho e da produção, desencadeou-se uma tempestade daninha nas classes profissionais, com predileção acentuada pela Engenharia", dizendo que, se houvesse estatística de desemprego, "a fração correlativa aos engenheiros bateria o recorde dos coeficientes altos". Realmente a crise foi muito grave, e por isso o Prof. Santos Reis lembrava, mais uma vez, a necessidade da regulamentação da profissão, que poderia ser facilmente feita aproveitando-se os poderes discricionários do governo da Revolução, atentando-se para o fato de que só no Rio de Janeiro contavam-se dezenas de "arquitetos-construtores", título dado por arranjos de firmas construtoras a qualquer pessoa "com simples exames de primeiras letras". Santos Reis enfatizava também que "é preciso não esquecer que o engenheiro é a máquina propulsora de qualquer realização" e que "o ressurgimento alemão e italiano (que se verificava naquela ocasião) foi obra da supremacia técnica desse profissional". Nesse mesmo artigo, para mostrar o esquecimento em que jazia a classe dos engenheiros, o autor refere-se a uma comissão criada pelo governo federal para o problema das casas populares: nessa comissão estavam presentes médicos, banqueiros e advogados, mas, por incrível que pareça, não havia nenhum engenheiro!

O Prof. Maurício Joppert da Silva, em seu discurso de paraninfo para a turma de 1930 da Escola Politécnica do Rio de Janeiro, ressaltou também que "o momento em que recebeis o grau que vos habilita no exercício da vida profissional é dos mais penosos por que tem passado a nossa profissão", acrescentando que, "nós engenheiros, humildes operários que vivemos, por excelência, das construções e para as construções, caímos em férias forçadas, aguardando os dias melhores, em que soprem os ventos favoráveis".

A crise foi sendo aos poucos superada a partir da segunda metade da década de 1930, seguindo-se um período de moderada expansão, durante a Segunda Guerra Mundial e no pós-guerra, e de expansão acelerada, já nos anos 1950. Em agosto de 1944, um editorial da revista *Engenharia* chamava a atenção dos poderes públicos para a aguda falta de engenheiros e de técnicos de nível médio que se delineava no Brasil, e em particular em São Paulo, para atender à demanda das obras e do surto de industrialização. Uma notícia de 1943 informava que dos 270 municípios então existentes no estado de São Paulo somente em 59 havia pelo menos um engenheiro diplomado trabalhando para a Prefeitura, e em 56 municípios não havia nenhum profissional da área de engenharia, mesmo não diplomado.

Havia principalmente falta de engenheiros mais antigos, e por isso cargos e serviços de responsabilidade passaram, cada vez mais, às mãos de profissionais jovens. O engenheiro americano Arthur J. Boase, que visitou o Brasil em 1944 para estudar o que aqui se fazia com o concreto armado, dizia admirado que de 80 engenheiros por ele entrevistados somente quatro tinham mais de 50 anos, e mesmo assim dois desses eram estrangeiros refugiados, recém-chegados da Europa. Admirou-se também que o engenheiro-chefe de uma importante construção industrial era um jovem de 25 anos.

Na década de 1970, com a economia em expansão acelerada no chamado "milagre brasileiro", tivemos uma época de pleno emprego para os engenheiros, que mesmo antes de terminarem o curso já estavam empregados. Como professor do último ano da então denominada Escola de Engenharia da UFRJ assisti pessoalmente, muitas vezes, representantes de construtoras, fábricas e outras firmas de engenharia disputarem os alunos mais bem colocados para oferecer empregos. Era nitidamente a demanda maior do que a oferta. Essa situação durou enquanto durou a expansão da economia, até acontecerem os "choques do petróleo", que refrearam essa expansão e desencadearam inflação e recessão.

Na década de 1990, atravessamos uma nova grave crise, com desemprego generalizado de engenheiros, que para sobreviverem passaram a exercer as mais variadas atividades fora da engenharia, inclusive atividades humildes e incompatíveis com a formação que receberam. Houve um grande desestímulo pela profissão, traduzido pela considerável redução no número de alunos que ingressavam nas escolas. O gráfico mostrado a seguir, da Unicamp, extraído do trabalho do Eng. Klaus Herweg, mostra a evolução da quantidade de engenheiros diplomados em todas as escolas no país, onde se notam o pico em 1980 e a considerável queda a partir dessa data.

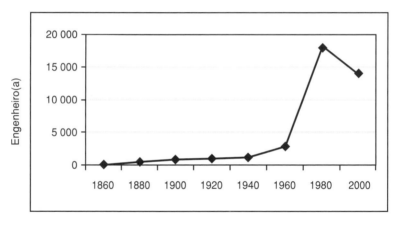

Evolução das conclusões em engenharia no Brasil

Em 1990, o total de matrículas nos cursos superiores em todo o país foi de 1.540.080 alunos, dos quais 154.575 nas escolas de engenharia, ou seja, cerca de 10 %. Nesse mesmo ano, concluíram os cursos superiores 230.271 alunos, mas somente 13.590 engenheiros, ou cerca de 5,8 % do total, números que denotam significativa evasão de alunos durante o curso.

Uma estatística de 1994 da AAAP (Associação de Antigos Alunos da Politécnica, da USP) mostrava que no estado de São Paulo somente 62 % dos engenheiros exercem a profissão. Outro dado, de todo o país, de 1998, mostrava que em um total de cerca de 350.000 engenheiros os que exerciam a profissão, em qualquer de suas modalidades, somavam cerca de 230.000 ou 67 %! Isto é, um terço dos engenheiros, cuja formação custou recursos ao país, estava em outras atividades, completamente fora da engenharia, ou estava desempregado. O fato é que a demanda de engenheiros caiu de 20.000 por ano, no início da década de 1980, para 13.000 em 1990, e continuou caindo! O resultado de tudo isso é que, quando o país voltou a crescer, houve aguda falta de engenheiros.

É muito difícil avaliar se essa crise foi ou não mais grave do que a ocorrida em 1929-1935, porque tanto a situação do país como a situação do mundo eram completamente diferentes, e portanto não comparáveis.

É importante assinalar — o que aliás é de conhecimento geral — que a crise de 1990 é bem mais complexa do que as anteriores, porque envolve alguns fatores antes inexistentes, como a globalização da economia e a modernização industrial (automação, robotização, informatização, etc.), fatores esses que tendem, no primeiro impacto, a aumentar o desemprego, embora a médio e longo prazos a situação deva se inverter. Uma firma de consultoria e projetos, por exemplo, que em 1983 tinha 3.300 empregados, sendo 900 engenheiros, fazia em 2000 o mesmo serviço com 600 empregados, sendo 120 engenheiros. Note-se também que muitos postos de trabalho que no passado costumavam ser ocupados por engenheiros passaram a ser ocupados por economistas, estatísticos, administradores de empresas, etc., contribuindo para a redução da demanda por engenheiros.

Para agravar o desemprego, houve ainda a tendência do desaparecimento das pequenas firmas de engenharia (firmas de projeto, consultoria, construção, fabricação, etc.), por simples fechamento ou por incorporação ou absorção por firmas maiores, frequentemente multinacionais. Isso foi uma consequência não só da crise (retração de mercado comprador, juros altos, dificuldade de crédito e de capital de giro, etc.), como também do próprio progresso tecnológico, que dificultou — ou mesmo impossibilitou — para as pequenas firmas a atualização tecnológica, acesso a *know-how* moderno, bem como a obtenção de equipamentos ou máquinas sofisticadas. Para essas pequenas firmas tornou-se cada vez mais difícil a competição com as grandes firmas ou com o estrangeiro. Assim, tornou-se também cada vez mais difícil o engenheiro ser patrão de si mesmo, como era o sonho de muitos.

Uma das piores e mais graves consequências de qualquer crise é a exportação de cérebros. São os engenheiros melhores, mais competentes e mais capazes que saem do país para conseguir, às vezes, bons empregos no exterior. Exportamos inclusive universitários excelentes, até para países do Primeiro Mundo, que assim se beneficiam dos gastos que o país teve com a formação desses profissionais. E o pior: quem sai do país desse jeito raramente retorna, ainda que a crise seja superada.

Entre 1990 e 2000, houve, em todo o país, um decréscimo na quantidade de engenheiros com carteira de trabalho assinada. Felizmente, essa crise é atualmente uma triste lembrança do passado. O país conseguiu superar a crise, voltar a crescer, e, com isso, a engenharia também voltou a crescer.

Exemplificando, são os seguintes números relativos à Escola Politécnica da UFRJ: de uma média de 235 formandos anualmente entre 1990 e 1998, passou-se por um mínimo de 188 em 1996, recuperando-se em 1999 o total de 310 engenheiros formados. Números semelhantes devem ter ocorrido nas demais Escolas de Engenharia.

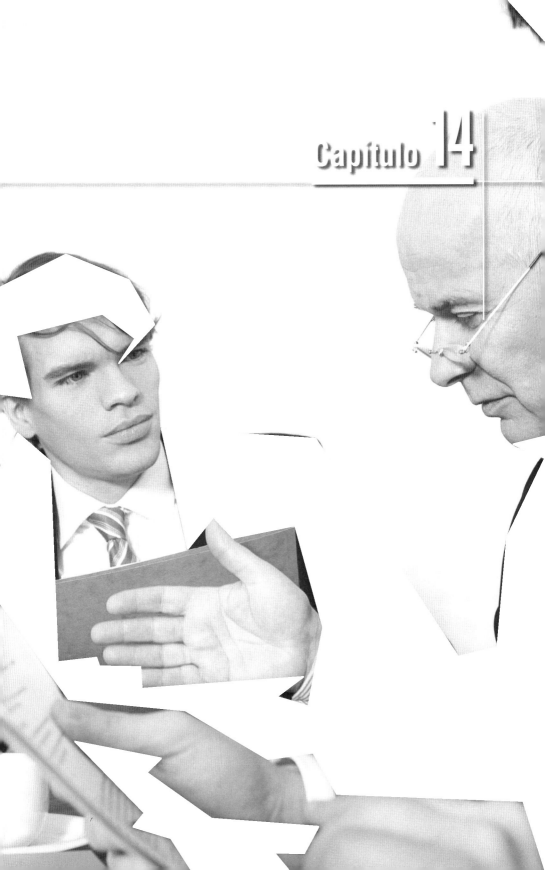

# Capítulo 14

De modo geral — como classe —, os engenheiros nunca manifestaram grande interesse pela política, e por isso nunca foi grande a participação dos engenheiros na política, onde, afinal de contas, acontecem as grandes decisões estratégicas nacionais.

Até hoje, guardadas as proporções, essa participação continua sendo muito pequena. Durante a chamada "República Velha", isto é, até 1930, poucos foram os Ministros de Estado engenheiros, citando-se, por exemplo:

- João Pandiá Calógeras — Ministro da Agricultura, da Fazenda e da Guerra (Exército);
- Lauro Severiano Müller, João Felipe Pereira e Antônio Francisco de Paula Souza (Ministros da Viação e das Relações Exteriores);
- Francisco Sá (Ministro da Viação e da Agricultura);
- Joaquim Duarte Murtinho (Ministro da Viação e da Fazenda);
- Miguel Calmon du Pin e Almeida, Alfredo Eugênio de Almeida Maia, Antônio Olyntho dos Santos Pires, Jerônimo Rodrigues de Moraes Jardim (Ministros da Viação);
- Demétrio Nunes Ribeiro, Ildefonso Simões Lopes, João Gonçalves Pereira (Ministros da Agricultura);
- J. P. Veiga Miranda (Ministro da Marinha);
- Otávio Mangabeira, que foi Ministro das Relações Exteriores e importante líder político, além de notável orador, era também engenheiro, tendo sido professor na Escola Poli-

técnica da Bahia. Mesmo depois de 1930, poucos foram os ministros engenheiros, e mesmo a pasta da Viação e Obras Públicas teve alguns titulares não engenheiros.

O Eng. Jayme Rotstein, comentando esses fatos, diz que "os engenheiros se automarginalizavam na medida em que ficavam somente como especialistas em áreas restritas, sem conhecimento suficiente dos problemas globais, facilitando assim o seu afastamento dos centros de decisões estratégicos". Ainda sobre o mesmo tema, disse, com muita razão, o Eng. Luiz Carlos Pereira Tourinho que "é fato comum a chefia de pastas técnicas e empresas estatais por pessoas leigas em engenharia. Diz-se que a função é política, e não técnica. Certo, certíssimo. Mas nunca se viu convidar um engenheiro para, por exemplo, o Ministério da Saúde, que é também uma função política. Assim, a marginalização dos engenheiros deve-se ao fato de serem, em geral, avessos à política".

Por isso, em setembro de 1977, o Instituto de Engenharia de São Paulo enviou uma mensagem ao então Presidente Ernesto Geisel, manifestando a sua grande preocupação não tanto pelos cargos que deveriam ser de engenheiros preenchidos por pessoas leigas, mas principalmente pela interferência indevida de decisões políticas em assuntos puramente técnicos, o que "pode acarretar consequências danosas e irreversíveis no processo de desenvolvimento do país".

De 39 chefes de Estado que o Brasil já teve, desde a sua Independência até agora (2014), 20 eram advogados, 10 militares, dois monarcas, um médico, um jornalista, um padre, um sociólogo, uma economista e um metalúrgico e somente um engenheiro (Itamar Franco), se não contarmos o governo interino do Eng. Aureliano Chaves. De 1.211 titulares de nobreza do Império, somente um também era apenas engenheiro (engenheiro não militar), o ilustre Barão de Capanema. Vários foram os titulares engenheiros militares (cerca de 20), que foram entretanto agraciados não pelo fato de serem engenheiros, mas por sua atuação como militares, políticos, empresários, etc.

Engenheiros Governadores de Estados não têm sido muitos, destacando-se os Engs. Armando de Salles Oliveira, Lucas Nogueira Garcez e Mário Covas, em São Paulo, Ildo Meneghetti, no Rio Grande do Sul, e Otávio Mangabeira, na Bahia. Ministros de Estado engenheiros também são uma minoria; mesmo nas pastas técnicas, como os atuais Ministérios dos Transportes, das Comunicações e de Minas e Energia, bem como no antigo Ministério da Viação e Obras Públicas, muitos dos seus titulares não foram engenheiros. Na chamada "República Velha", tivemos excepcionalmente engenheiros como Ministro da Guerra (do Exército), João Pandiá Calógeras, da Marinha, J. P. Veiga Miranda, que fizeram excelentes administrações. Na cidade do Rio de Janeiro tivemos três engenheiros que foram grandes Prefeitos: Francisco Pereira Passos, Paulo de Frontin e Carlos Sampaio; São Paulo também teve grandes prefeitos engenheiros.

Nas diversas casas legislativas também nunca foi grande a presença de engenheiros. Na Câmara Federal, por exemplo, a percentagem de engenheiros era de apenas 2,9 %, na legislatura de 1983 e 1987, passando para 7,7 %, na legislatura de 1991 a 1995, e atingindo excepcionalmente 12 % na legislatura atual, o que denota talvez um maior interesse recente dos engenheiros pela política.

Na Assembleia Legislativa do Estado do Rio de Janeiro, havia três deputados engenheiros (de um total de 70 deputados) na legislatura de 1983 a 1987, quatro deputados na legislatura de 1987 a 1991, e nenhum deputado engenheiro nas legislaturas seguintes.

Mesmo assim, alguns engenheiros destacaram-se como parlamentares, citando-se, entre outros, os nomes de Paulo de Frontin, José Mattoso Sampaio Corrêa, Roberto Simonsen, Otávio Mangabeira, Otávio Rocha e Nelson de Senna. Em 1947, editorial da revista *Engenharia* reclamava contra a ausência de engenheiros nas diversas Casas legislativas, mostrando que na Assembleia Legislativa de São Paulo havia somente um engenheiro, e no Senado Federal, apenas dois.

Esse distanciamento dos engenheiros da política fez com que grandes decisões nacionais, envolvendo assuntos eminentemente técnicos e da maior relevância, fossem tomadas com pouca ou nenhuma participação dos engenheiros. Essa situação, aliás, vinha de longe, repetindo-se várias vezes ao longo de nossa história. Foi assim em 1855, no desastroso contrato assinado com os empresários ingleses para a construção do primeiro trecho da antiga E. F. D. Pedro II (depois Central do Brasil), repetiu-se em 1903, com o compromisso internacional assumido pelo Brasil para a construção da famosa E.F. Madeira-Mamoré, e o mesmo podemos dizer do acordo nuclear com a Alemanha, que teria sido com certeza bem diferente se a comunidade técnica nacional tivesse sido ampla e previamente consultada; como esses, poderiam ser citados muitos casos semelhantes. O Prof. Sydney Santos lembra, por exemplo, a importante decisão sobre a localização de Brasília, construída afinal em região de subsolo péssimo, que encarece grandemente as fundações de qualquer construção. Que enorme economia não teria sido feita (no passado, no presente e no futuro) se por sugestão de algum engenheiro fosse feita previamente uma simples malha de sondagens! É claro que na decisão sobre a escolha do lugar da nova capital houve a participação de engenheiros, mas, como também observa Sydney Santos, "mesmo quando os engenheiros estão presentes nas nossas grandes decisões, não dispõem de força suficiente de modo a influir decisivamente", e outros fatores são os que pesam, como se os de ordem técnica fossem secundários.

Acredito que se possa acrescentar a esta lista o modelo de privatização — não a privatização em si — das empresas estatais do setor elétrico, que vem sofrendo pesadas críticas de alguns colegas especialistas nesse assunto.

Não vamos aqui, por espírito de classe, tentar eximir inteiramente de culpa os engenheiros por essa situação: é evidente que temos a nossa parcela de culpa. Temos de tomar parte nas grandes decisões nacionais, mas para isso não é possível ficar passivamente esperando que nos chamem, sendo indispensável lutar pela participação da classe nos centros de decisões estratégicas, e o nosso pouco interesse pelos cargos políticos e legislativos evidencia a nossa omissão nesse ponto. Isso tem que mudar!

A maior participação dos engenheiros nas grandes decisões nacionais tenderia também a reduzir a repetição de projetos e obras faraônicas e mirabolantes (Transamazônica, Rodovia Perimetral Norte, etc.), que, por estarem completamente fora da realidade nacional, se arrastam indefinidamente ou acabam sendo abandonados, com grandes prejuízos e comprometendo a própria classe dos engenheiros, que passam por incompetentes ou desonestos.

Aliás, se não nos dão a importância e a atenção de que nos julgamos merecedores, é também, de certa forma, porque nós mesmos engenheiros não valorizamos devidamente a nossa classe e o nosso trabalho, talvez por uma injustificada humildade, que tem raízes históricas antigas aqui no Brasil. Nós engenheiros sempre fomos muito humildes. Precisamos entretanto acabar com essa atitude injustificável e fazer valer o que somos, inclusive pela divulgação ampla do muito que a engenharia já realizou em nossa terra. Outros que fizeram muito menos não se cansam de proclamar o pouco que fizeram, e, quanto a nós, a maioria das nossas grandes vitórias — entre as quais se incluem numerosos pioneirismos e recordes internacionais — permanece desconhecida do grande público. É por isso que não nos dão valor.

Mesmo assim, em alguns importantes problemas nacionais a classe dos engenheiros envolveu-se decididamente, podendo-se citar, por exemplo, a ampla discussão, em 1920-1930, em torno do rumoroso contrato com a Itabira Iron e a mobilização na campanha a favor da criação da Petrobras, na década de 1950. Em ambos esses episódios, é justo considerar que a participação e a opinião dos engenheiros foram um fator decisivo. Mais recentemente, tivemos as campanhas em prol da valorização da engenharia e contra o desmantelamento das equipes de especialistas de várias firmas de projeto e consultoria.

Outro episódio político em que foi grande a participação dos engenheiros foi a Revolução Constitucionalista de 1932, em São Paulo. A ação da engenharia se fez sentir nas dezenas de "Delegacias Técnicas", chefiadas e formadas por engenheiros voluntários (a quem foram dados postos militares honorários), criadas em todas as linhas de frente para os mais variados serviços (construção, reconstrução e reparação de estradas, organização de transportes e de reabastecimento, comunicações, construção de campos de pouso, e até minagem do Porto de Santos), e na fabricação de armamento, munições e outros apetrechos militares, mobilizando-se para isso o antigo Laboratório de Ensaios de Materiais da Escola Politécnica (posteriormente Instituto de Pesquisas Tecnológicas) e todo o parque industrial paulista. No total, foram mobilizados 740 engenheiros, tendo havido 13 mortos (entre os quais um filho do Eng. Francisco Saturnino de Brito) e muitos feridos, inclusive o Eng. Adriano Marchini.

Para a Constituinte de 1934 também foi grande a mobilização de engenheiros, fato que não se repetiu em outras ocasiões semelhantes.

Capítulo 15

Para concluir estas considerações sobre a engenharia, os engenheiros e a sociedade, duas perguntas se impõem:
— *Como deve ser o engenheiro do futuro?*
— *Estão os engenheiros brasileiros capacitados para enfrentar os desafios do futuro?*

A primeira dessas perguntas não é fácil de responder, porque, inclusive, parece-me não haver ainda um consenso sobre esse ponto. Entretanto uma coisa é certa: a formação do engenheiro do futuro não poderá ser a mesma que vem sendo adotada pelo menos na maioria de nossas escolas, ou, em outras palavras, na maioria de nossas escolas o currículo escolar terá de ser bastante modificado.

Nos últimos anos tem havido uma revolução completa na engenharia, que forçosamente se refletirá no ensino. O ensino do Desenho Técnico, por exemplo, evoluiu para o ensino do CAD. Atualmente é possível a otimização de projetos com o auxílio de métodos numéricos aplicados a microcomputadores, a manufatura de produtos industriais baseada na robótica, o projeto e a implantação de grandes obras com o auxílio de computadores e de satélites, etc. E muito mais novidades aparecerão que certamente irão ultrapassar a imaginação de qualquer futurólogo.

Acredito que seja consensual que o engenheiro do futuro deverá ser muito versátil, para poder assimilar e se adaptar com o máximo de facilidade e de rapidez às inevitáveis e imprevisíveis novidades que necessariamente surgirão com a evolução técnica.[1] Essa evolução continuará a acontecer em velocidade cada vez maior, resultando no aparecimento de novas técnicas e na consequente obsolescência de técnicas antigas e consagradas. Assim o engenheiro que não conseguir acompanhar devidamente essa evolução cedo ficará ele também obsoleto e fora do mercado de trabalho.

Admitindo-se um tempo médio de vida profissional de 50 anos, para se ter ideia das novidades que poderão aparecer e que os engenheiros terão de enfrentar, é só olharmos para trás e vermos o que apareceu de novidades neste meio século decorrido: tanto a engenharia como a própria vida mudaram por completo nestes últimos 50 anos. Tudo leva a crer que nos próximos 50 anos as modificações em todos os aspectos da vida humana sejam muito maiores.

O engenheiro do futuro terá também de ter não só bons conhecimentos de sua profissão, mas um bom conhecimento geral de assuntos fora da profissão, porque terá, quase certamente, de enfrentar e resolver problemas multidisciplinares, envolvendo economia, sociologia, ecologia, e talvez até direito e política, pois que, cada vez mais, os problemas de engenharia interferem em e sofrem a interferência de questões de outras áreas de atividade. É muito provável ainda que no decorrer de sua vida profissional tenha que se dedicar a atividades gerenciais e administrativas, dentro ou fora do campo da engenharia.

---

[1] Em 1990, a Escola Politécnica da USP fez um estudo com vistas à modernização dos seus currículos, que envolveu a visita a 50 escolas de engenharia em diversos países. A conclusão foi que não havia um consenso geral sobre como deveriam ser os cursos de engenharia, pois que o currículo ideal depende essencialmente da realidade de cada país.

Havia entretanto um razoável consenso quanto à necessidade de um forte conhecimento das matérias básicas — para preparar o aluno para enfrentar as rápidas mudanças tecnológicas — e também a necessidade de formação em matérias humanas. Esse ensino daria ao "produto engenheiro" uma maior durabilidade e flexibilidade de atuação, porque as novas tecnologias que surgirão terão sempre como fundamento o conteúdo das disciplinas básicas.

Comandar simultaneamente engenheiros, mestres, desenhistas, operários, peões, etc., com firmeza e entusiasmo, sem criar problemas que possam destruir a equipe ou diminuir-lhe a eficiência, constitui e constituirá sempre uma tarefa delicada e fundamental, que exige desde intuição a cursos especiais de relações humanas. Algum estudo de psicologia pode ser recomendável para quem não tiver intuitivamente um bom relacionamento humano. É por isso bem possível que alguns diplomados em engenharia não consigam exercer a profissão em sua plenitude por falta de capacidade de liderança ou por pobreza de recursos de relações humanas. Nestes tempos de globalização, o engenheiro, para ser completo, precisa ainda de fluência em pelo menos uma língua estrangeira e de disponibilidade para viagens e para mudança de residência.

Em vista de tudo isso, terá então o engenheiro do futuro de ser um super-homem, para atender a tão vastas e variadas exigências? Felizmente as coisas não serão necessariamente bem assim.

É fora de dúvida que o engenheiro do futuro terá de ter sólida formação nas disciplinas básicas, o que justamente permitirá uma constante adaptação às novidades que surgirem. A chamada "educação continuada" será certamente uma necessidade, por meio de cursos de pós-graduação, de reciclagem, ou por estudo como autodidata. É de certa forma uma volta ao passado, porque isso era o que acontecia, cem anos atrás, com os denominados "engenheiros enciclopédicos". Disciplinas básicas indispensáveis são, por exemplo, matemática, física, química, ciência dos materiais, informática, mecânica e resistência dos materiais, devendo-se também acrescentar biologia, ecologia e pelo menos, como já dissemos, uma língua estrangeira.[2] Com um sólido embasamento

---

[2] Parece-me escusado dizer que qualquer engenheiro deve saber se expressar corretamente em português. Infelizmente, tenho visto casos de colegas nossos incapazes de redigir sem erros um texto, ainda que simples, e até alguns incapazes de se expressar oralmente de forma compreensível. Sou por isso de opi-

nessas disciplinas, não será difícil ao engenheiro atualizar-se com as novidades da técnica, ou até passar de uma especialidade para outra, se assim pedir o mercado de trabalho, como faziam os engenheiros do passado.

Que pelo menos em grande parte das escolas de engenharia os currículos devam ser modificados é também fora de dúvida. Modificados para dar mais ênfase nas matérias básicas e, em muitos casos, incluir outras matérias igualmente básicas, como biologia, ecologia e algum ensino de assuntos sociais.

A especialização em engenharia, ou melhor, a superespecialização, embora possa ser vantajosa para muitos empregos — pelo menos em caráter imediato —, merece sérias ressalvas.

Para o engenheiro superespecializado o mercado de trabalho fica excessivamente restrito; além disso, falta-lhe cada vez mais a capacidade de perceber a engenharia e a sociedade como um conjunto. O Eng. Joaquim Pereira Filho recomenda que a "superespecialização venha somente em nível de pós-graduação, mantendo ou aumentando o suporte cultural e profissional anterior, sem destruir a elasticidade mental do engenheiro, cuja capacidade de se adaptar a novas técnicas é e será sempre indispensável". De qualquer forma, como lembra o Eng. Hermes Ferraz, "quanto mais houver de especialização, menor será a visão do mundo".

Outra característica indispensável a qualquer engenheiro, e, como já dissemos, cada vez mais indispensável, é a capacidade de trabalho em equipe, isto é, o bom relacionamento profissional e humano com chefes, colegas e subordinados.

---

nião de que uma boa prova de português, incluindo a redação de um texto, deveria ser obrigatória no exame vestibular, e em caráter eliminatório. Outra providência, nesse mesmo sentido, seria acabar de vez com as provas do tipo "múltipla escolha", "certo ou errado", ou outros semelhantes, que podem ser muito cômodas para os professores, mas são um desestímulo aos alunos para escrever. Os alunos devem ser obrigados a escrever, pelo menos nas provas.

Hoje em dia não existe mais para o engenheiro o trabalho individual. Uma das consequências da evolução da engenharia — ou melhor, da evolução da técnica em geral — foi que a execução de um estudo, de um projeto, a direção de uma obra, ou, de um modo geral, qualquer atividade de engenharia, deixaram de ser uma atividade pessoal — como o foram muitas vezes no passado — para serem uma atividade de uma equipe, e portanto impessoal.

Antigamente podia-se dizer, por exemplo, que a famosa ferrovia Paranaguá-Curitiba foi projetada pelo Eng. Antonio Rebouças, que a obra de abertura da Barra do Rio Grande foi projeto do Eng. Honório Bicalho, que a notável ponte sobre o rio do Peixe foi projeto do Eng. Emílio Baumgart, etc. Em todos esses casos, e em muitos outros, é possível caracterizar a autoria pessoal de um projeto. Embora nenhum desses engenheiros tenha trabalhado sozinho, tendo contado evidentemente com o auxílio de outras pessoas (desenhistas, calculistas, etc.), e mesmo de outros engenheiros, é lícito afirmar que a maior parte — ou a totalidade — da concepção intelectual do projeto seja de autoria do engenheiro dito como o autor do projeto.

Hoje isso não mais acontece. Os projetos de engenharia, mesmo os aparentemente simples, são na sua maior parte projetos multidisciplinares, para cuja elaboração trabalha uma equipe, às vezes numerosa, de muitos especialistas em diversas áreas, de tal forma que não é, em geral, mais possível caracterizar uma pessoa como o autor do projeto.

Note-se que estou me referindo a projetos de engenharia (qualquer área de engenharia), e não a projetos de arquitetura, que, ao contrário, têm quase sempre uma determinada pessoa como autor.

É claro que a equipe que elabora qualquer projeto de engenharia tem sempre uma chefia superior, que coordena a equipe, e à qual todos os seus integrantes estão subordinados. Mas, em geral, essa chefia tem principalmente uma função gerencial-administrativa, e não técnica, mesmo porque seria difícil encontrar uma pessoa que dominasse suficientemente todas as técnicas envolvidas no projeto. Por esse motivo não se pode dizer que quem exerce a chefia superior de um projeto seja o seu autor.

Para qualquer obra de certo vulto, o mesmo acontece. Temos também uma equipe de especialistas de várias áreas e uma chefia superior de coordenação.

Capítulo 16

© Illreality | Dreamstime Stock Photos

Cabe transcrever aqui os comentários finais do Eng. Klaus Herweg, no seu valioso trabalho intitulado "Engenharia e Poder Nacional".

> O Brasil precisa de engenheiros? Deve haver demais, uma vez que muitos deles deixaram suas atividades. E as grandes obras do Brasil? Itaipu, plataformas de petróleo, satélites, não são demonstrações da grandeza da engenharia brasileira? E as cidades desordenadas, poluídas, trânsito caótico, a falta de saneamento, o desperdício, as deficiências do sistema de transportes, a ocupação ilegal de áreas de mananciais?
> 
> São os contrastes, as distorções. Perfurar petróleo no mar e morrer afogado na enchente. Lançar um satélite e não chegar em casa por causa do congestionamento. Assim como existem os benefícios da engenharia que se vê, existem os custos da engenharia que não se fez, e talvez ninguém perceba que deveria ter sido feita.
> 
> É o caso dos engenheiros que, ao entrarem num restaurante, em determinada cidade, percebam a precariedade da construção. Diz um deles: 'Nenhum técnico deve ter construído isso.' Responde o outro: 'Certamente o proprietário tem vários advogados para tirá-lo do apuro, em caso de acidente.'
> 
> Para evitar os inúmeros casos semelhantes, que chegam a ter final trágico, a técnica deve permear a sociedade, para que todos dela se beneficiem, em termos de prevenção de doenças, redução de acidentes, eficiência na produção, rapidez nas comunicações. A partir dessa combinação de fatores poderá ser construído um padrão de vida aceitável para todos, e poderão surgir os recursos para novos projetos, que irão gerar a riqueza da Nação.

> É esse espírito de aproximar a sociedade da técnica e da engenharia, assim como os engenheiros da sociedade, que deve nortear as políticas e estratégias."

Finalmente, para encerrar estas considerações sobre o papel da engenharia na sociedade, nada melhor do que transcrever o belo editorial "O Engenheiro", da revista *Engenharia*, de agosto de 1955:

---

### "O Engenheiro"

"O engenheiro é o indivíduo que, após longos anos de estudo, se encontra preparado e habilitado para realizar os sonhos e os ideais, por meio de projetos e de execução de obras, em todos os setores da vida humana. Entretanto, sobre os seus ombros pesa uma responsabilidade tremenda. No seu afã de projetar e transformar um sonho em realidade não deve unicamente se aprofundar no valor numérico da resistência dos materiais, se deixar guiar pelo valor do dinheiro em economia de mão de obra e de material, ou mesmo de equipamentos, e até de espaço, perdendo de vista seu objetivo que é o bem da humanidade.

Assim, há de se lembrar de que o objetivo primordial de uma casa é para abrigar uma família, dar teto a um lar, onde elementos humanos terão que viver uma existência, necessitando consequentemente de um mínimo de conforto, higiene, de espaço, do ar e de sol.

Assim, há de se lembrar de que uma fábrica, além de abrigar equipamentos e maquinários, abriga também operários que têm direito a um certo conforto e regalias no período de tempo que ali permanecem, e que representa uma grande parcela de suas vidas.

Assim, há de se lembrar de que uma estrada aberta para o transporte de mercadorias também deve permitir o tráfego de veículos com pessoas, que têm o direito da segurança que só o traçado cuidadoso e a execução completa das obras acessórios podem assegurar.

Assim, há de se lembrar de que, quando transforma a matéria bruta e domina as forças da natureza, está exercendo uma função técnica para o bem-estar da humanidade.

> É, porém, no engenheiro que projeta que recai a maior parcela de responsabilidade, pois é ele que começa a trabalhar com uma simples folha de papel em branco!"

A engenharia é uma profissão muito bonita, que pode proporcionar grande satisfação, como realização pessoal e humana, para aqueles que a praticam com amor e consciência. Há quase um século, um ilustre professor da Cornell University, dos Estados Unidos, já resumiu muito bem esse ponto, dizendo que "a satisfação do engenheiro está na consciência da nobre finalidade de seus esforços, e na complementação de sua tarefa. A recompensa pecuniária que recebe é apenas uma consequência, e não o objeto do seu trabalho".

Enquanto grande parte das outras profissões existe em função de alguma imperfeição humana, a engenharia independe dessas imperfeições, existindo para satisfazer necessidades e conveniências da humanidade.

# Bibliografia

*A Energia Elétrica no Brasil (da Primeira Lâmpada Eletrobras)*. Rio de Janeiro: Biblioteca do Exército Editora, 1977.

A Engenharia Nacional e a Nova Era Econômica do Brasil. Entrevistas com os Engs. Ozires Silva, Cláudio A. Dall'Aqua, Sérgio Porto, Paulo Helene, Walter Braga e Antonio Calafiori Neto. *Revista Evolução*, São Paulo, abr. 1988.

A Formação do Engenheiro Está Adequada ou Não? Entrevistas com os Engs. Octávio de Mattos Silvares, Marcel Mendes e Nicolau D. Fares Gualda. *Revista Evolução*, São Paulo, jul. 1988.

Almeida Gomes, H. Política e administração. *Revista Viação*, Rio de Janeiro, 1927.

Azevedo, F. de. *A cultura brasileira*. Rio de Janeiro: IBGE, 1943.

_____. *Um trem corre para oeste*. São Paulo: Melhoramentos, s/d.

Barata, M. *A Escola Politécnica do Largo São Francisco*. Rio de Janeiro: Associação dos Antigos Alunos da Politécnica, Clube de Engenharia ,1973.

Benévolo, A. *Introdução à história ferroviária do Brasil*. Recife: Editora Folha da Manhã, 1953.

Boase, A.J. South American building is challenging. New York, *Engineering News Record*, 1944.

Brito Filho, F.S. *A engenharia no Brasil*. Rio de Janeiro, 1949.

Caldeira, J. *Mauá – empresário do império*. São Paulo: Companhia das Letras, 1995.

Carvalho, J.M. de. *A construção da ordem*. Brasília: Editora Universidade de Brasília, 1980.

_____. *A Escola de Minas de Ouro Preto – O peso da glória*. São Paulo: Cia. Editora Nacional, 1978.

Castanhede, O. O engenheiro do futuro e a sociedade. *Revista do Clube de Engenharia*, Rio de Janeiro.

Cintra do Prado, A. Os engenheiros em 32. *Revista Engenharia*, São Paulo, 1957:176.

Corção, G. Estudar engenharia não vale a pena! *Revista Engenharia*, São Paulo, 1959:175.

Denis, P. *Le Brésil au XXième siècle*. Paris, 1909.

Engenheiros para efeito interno. *Revista Engenharia*, São Paulo, 1944:22.

*Escola de Engenharia* – UFRGS – Um século. Porto Alegre: Torno Editorial, – 1996.

Ferraz, H. *A responsabilidade social do engenheiro*. São Paulo: 1985.
_____. *A vocação humana da engenharia*. São Paulo: 1984.
_____. *O engenheiro e o meio ambiente*. São Paulo: s/d.
_____. *O engenheiro e o desenvolvimento social*. São Paulo: 1984.
Ferreira, M.R. *A ferrovia do diabo*. São Paulo: Melhoramentos, 1981.
Freyre, G. *Os ingleses no Brasil*. Rio de Janeiro: Livraria José Olympio, 1948.
_____. *Um engenheiro francês no Brasil*. Rio de Janeiro: Livraria José Olympio, 1940.
Greenhalgh, J. *O arsenal da Marinha do Rio de Janeiro na história*. Rio de Janeiro: IBGE, 1965.
Heróis desconhecidos. *Revista Engenharia*, São Paulo, 1959:20.
*Impressões do Brasil no século vinte*. Rio de Janeiro: Imprensa Nacional, 1903.
Joppert da Silva, M. Os engenheiros e a situação atual. *Revista Brasileira de Engenharia*, Rio de Janeiro, 1931.
Kawamura, L.K. *Engenheiro:* trabalho e ideologia. São Paulo: Ática, 1981.
Marc, A. *Le Brésil* – Excursion a travers 20 Provinces. Paris: 1890.
Novos desafios para o engenheiro conquistar: ou manter o emprego. Entrevistas com os Engs. Cláudio A. Dall'Aqua, Ubirajara Tannuri Felix, Cyro Laurenza, Yuichi Kamata e Cláudia Saad. *Revista Evolução*, São Paulo, maio 1998.
Herweg, K. *Engenharia e poder nacional*. Publicação em particular da Themag Engenharia, São Paulo, 1996.
Marginalização dos engenheiros? Entrevistas com os Engs. Maurício Joppert da Silva, Jayme Rotstein, Hélio de Almeida, Antônio Carlos Pereira da Silva, Luiz Carlos Pereira Tourinho, Nassib Aidar e Antônio Carlos Laranjeiras. *Revista Portos e Navios*, Rio de Janeiro, agosto a outubro 1977.
Monteiro, E. *Aspectos éticos da engenharia*. Rio de Janeiro: Clube de Engenharia, 1994.
Motta, J. *Formação de oficial no Exército*. Rio de Janeiro: Cia. Brasileira de Artes Gráficas, 1976.
Noronha, A. A. de. A construção civil no Brasil. *Revista Concreto*, Rio de Janeiro 1945:100.
O engenheiro. *Revista Engenharia*, São Paulo, 1955:153.
Pardal, P.J. *Brasil,1792:* Início do ensino da engenharia civil e da Escola de Engenharia da UFRJ. Rio de Janeiro: 1985.
Pinto, A. *História da viação pública em São Paulo*. São Paulo: Typographia e Papelaria Vanorden, 1903.
Procura-se engenheiros, de preferência sem diploma. *Revista Direção*, São Paulo, 1962.
Renault, D. *O Rio antigo nos anúncios dos jornais*. Rio de Janeiro: Livraria José Olympio, 1969.

*Revista Engenharia*, São Paulo, 1955:153.

Santos, M.C.L. dos. *Escola Politécnica* – 1894-1984. São Paulo: Editora da USP, 1985.

Santos, S.M.G. dos. A engenharia no desenvolvimento nacional. *Revista do Clube de Engenharia*, Rio de Janeiro, 1966:353.

Santos Reis, F. dos. Crise na engenharia. *Revista Viação*, Rio de Janeiro, 1934.

Tabela de honorários da engenharia. *Revista Brasil Técnico*, Rio de Janeiro, 1924.

Telles, P.C. da S. *História da engenharia no Brasil* – Séculos XVI a XIX. 2. ed. Rio de Janeiro: Clavero – Editoração, Assessoria e Marketing, 1994.

_____. *História da engenharia no Brasil* – Século XX. Rio de Janeiro: Clavero – Editoração, Assessoria e Marketing, 1993.

Vasconcelos, A.C. de. O *concreto no Brasil* – Recordes, Realização, História. São Paulo: 1985.

# Índice

## A

Abastecimento de água no Recife, 31
Abolição da escravatura, 21
    ameaça à economia agrícola, 55, 56
Administração pública no Brasil, 46
Advogados nas administrações
  provinciais, 32
Agassiz, Louis, 32
Agrimensor, 83, 86, 87
*Almanack Laemmert*, de 1870, 55
Análise das profissões, 4
Aparelho telefônico, 61
Arquitetura moderna, 65
Artes mecânicas, 19, 39
Associação(ões)
  Brasileira
    de Concreto – ABC, 80
    de Engenheiros Eletricistas, 79
    de Indústrias de Base – ABDIB, 80
    de Metais – ABM, 80
    de Normas Técnicas – ABNT, 80
    de Siderurgia – ABS, 80
  de Antigos Alunos da Politécnica da USP, 106
  nacionais de engenheiros, 80
  veteranas em atividade, 78
Atividade(s)
  da indústria, 19
  de equipe, 123
  do comércio, 19
  do engenheiro, 73
    preocupação fundamental, 8
  humanas com maior influência na sociedade, 3, 7
  servil, 21
Azevedo, Fernando de, 71

## B

Barão de Mangaratiba, 19
Barbosa, Ruy, 22
Batalha dos trilhos, mortes, 42
Bens
  contribuição dos engenheiros, 3
  utilização rotineira, 3
Bondes elétricos, 61
Bondinho do Pão de Açúcar, 98
Brasil
  elite dirigente, século XIX, 20
  tradição quanto às profissões técnicas, 19
  transformação econômica, 37, 38
Brito, Francisco Saturnino de, 46

## C

Cabo telegráfico submarino, 61
Cadeia de conhecimentos humanos, 54
Caldeira, Jorge, 21
Cartas de habilitação profissionais, 30
Charlatães
  atuação fraudulenta, 29, 30
  na pesquisa de petróleo, 30, 31
Ciclo
  do café, 37
  do ouro, 37
Clube de Engenharia
  elaboração projeto de lei, 90
  fundação, 56
  serviços prestados, 78
Código Civil Brasileiro de 1915, 23
Comissão de engenheiros,
  reestruturação de projetos, 91
Com.te Thiers Fleming, 47
Concorrência estrangeira, 28
Concreto armado
  complexidade matemática, 63
  construção predial, 63
  disseminação, 63, 64
  em Brasília, 65
  emprego do, consequências sociais, 65, 66
  introdução, 27, 28
  no Brasil, vulgarização do uso, 65

Conde D'Eu, 77
Conde Gobineau, 21
Conselho Nacional de Ensino, 89
Construção(ões)
 civil, engenheiro brasileiro, 64
 da Avenida
  Central (Rio Branco), 15, 16
  Presidente Vargas, 15, 16
 da E.F.D. Pedro II, 22
 de pontes e viadutos com o
  concreto armado, 64
 do novo Arsenal de Marinha, 47
 ferroviária
  doenças, 42
  domínio do mercado de
   trabalho, 51, 52
  problemas sanitários, 42
 prediais, participação dos
  engenheiros, 28
Construir, 13
Construtores licenciados, 27
Corção, Gustavo, 73
Cornell University, 129
Corrida do ouro da Califórnia, 44
Crise
 de 1990, 107
 desemprego generalizado, 103, 104
 superação da, 105, 108
Cursos
 de engenharia
  evolução das conclusões, 106
  final do século XIX, 53
  novas modalidades, 53
 de pós-graduação, 55
 fase das especializações, 53, 54

# D

Decisões estratégicas nacionais, 111
Delegacias técnicas, 116
Demanda de engenheiros, queda, 107
Denis, Pierre, 44
Depressão de 1929, 103
Derby, Orville, 55
Descentralização político-
 administrativa, 95
Desenvolvimento
 do país, novas atribuições para os
  engenheiros, 71

surto de desenvolvimento, bons
 preços do café, 95
Diploma de engenheiro civil
 estatísticas, 96, 97
 estrangeiro, 86
 modificações no registro, 88

# E

Educação continuada, 121
Elemento humano, 13
Eletricidade, 61-67
 impacto social, 62
 na engenharia, 62, 63
Empreiteiras de obras de
 engenharia, 66
Empreiteiro principal, 66, 67
Empresas
 estatais do setor elétrico, 114
 estrangeiras de serviços públicos, 67
Encanador em São Paulo, 89
Engenharia
 alargamento do campo geral, 100
 auxílio de computadores, e
  satélites, 119
 brasileiros autodidatas, 64
 comissões técnicas, 86
 como entidade abstrata, 16
 de minas e metalurgia, 51
 desafios futuros, 119-124
 e Poder Nacional de Klaus
  Herweg, 127
 e progressos tecnológicos, 13, 14
 em cargos públicos, 86
 especialização em, 99
 Física, 39
 Humana, 39
 influência na sociedade, 4
 nacional
  defesa da classe, 29
  protestos, 29
 no Brasil
  desafios, 37
  fazer, 41
 novas modalidades, 100
 realização pessoal, 129
 revolução nos últimos anos, 119
 Social, 39
 valorização e melhoria do *status* na
  sociedade, 61-67

Engenheiro(s)
  agrônomos, 53
  atuação
    na vida moderna, 16
    perspectiva histórica, 7
  autoridade profissional do, áreas de destaque, 71
  brasileiros, concorrência estrangeira, 28
  Câmara Federal, 113
  civil, atuações, 98
  Código Civil Brasileiro de 1915, 23
  como pessoa humana, 16
  da Prefeitura de São Paulo, 87
  de artes e manufaturas, 51
  de segunda classe, 31
  demanda no mercado de emprego, 103-108
  desempregados, 103
  disparidade de salários, 71
  do Futuro, 119-124
    versatilidade, 119, 120
  em atividades paralelas, 73
  enciclopédicos, 53, 121
  estrangeiros
    chegada dos, 21, 22
    choque cultural, 22
    contribuição trazidas à engenharia nacional, 29
  falhas
    consequências
      catástrofe, 9
      desastre, 9
      graves, 9
      gravíssimas, 9
    no exercício da profissão, 9
  falsos, 30
  falta de, 103, 105
  ferroviários, 31
    urbanistas, 44
  fiscalização do exercício da profissão, 90
  função, 7-9
  funcionários públicos, 45
  governadores de Estados, 113
  industriais, 51
  influência na sociedade, 3, 4
    século XIX, 19-24
  luta
    pela regulamentação da profissão, 84
    por uma remuneração condigna, 73, 74
  marginalização dos, 112
  mecânicos, 53
    eletricistas, 53
  militares, 51
    atuação de ordem política, 37
  ministros de Estado, 111, 112
  na Assembleia Legislativa do Rio de Janeiro, 113
  na constituinte de 1934, 116
  na política, 111-116
  nacionais na indústria, 99
  no serviço público dificuldades, 46
  nos meados do século XIX, 23
  operacionais, 31
  personagem supérfluo, 71
  práticos, 27
    ingleses, 98
  químicos-industriais, 53
  reconhecimento
    do governo, 41
    do público, 41
  responsabilidade social, 7-9
  superespecializado, 122
  trabalho
    em equipe, 122, 123
    individual, 123
  valorização da profissão, 16
Ensino
  da engenharia
    no Brasil, 51
    pelo mundo, 51
  de estradas de ferro no Brasil, 40, 41
  do CAD, 119
  no Brasil imperial, 22
Era
  das ferrovias, 45
  do concreto armado, 63
Escala profissional e social em 1864, 32
Escola(s)
  Agrícola da Bahia, 53
  brasileira do concreto armado, 64
  Central
    origem dos alunos, 33
    para engenheiros, civis, 51
  de Engenharia
    da UFRGS, 96
    de Juiz de Fora, 96

do Pará, 96
de Minas de Ouro Preto, 51
expansão numérica, 96
  baixa na qualidade de ensino, 96
Livre de Engenharia da UFMG, 95
militar
  e de Aplicação do Exército para engenheiros militares, 51
  origem dos alunos, 33
politécnica, 51
  cultura básica, 53
  da UFRJ, 78
  da USP, 96
  de São Paulo, 53
  do Recife, 95
  do Rio de janeiro, 53
Estrada(s) de ferro
  Central do Brasil, 31
  D. Pedro II, 38-40
  impacto
    econômico, 38-47
    popular, 40
Estruturas
  de concreto armado, recordes internacionais, no Brasil, 64
  metálicas, 64
Exploração
  ferroviária, doenças, 42
  geológica na Amazônia, 45, 46
Exportação de cérebros, 108

## F

Fábrica(s)
  de tecido, 98
  projetadas por engenheiros brasileiros, 98, 99
Faculdade de Engenharia do Paraná, 95
Falha(s)
  consequências maiores, 13
  na operação, 14
  nas obras, 14
  nos projetos, 14
Fator de produção, 13
Federação Brasileira de Engenharia, fundação, 78
Fernandes, Moacyr Malheiros, 89
Ferrovias
  no conhecimento geográfico, do sertão, 43

participação de engenheiros nacionais, 41
plantadoras de cidades, 43
Filosofia natural, 20
Firmas de engenharia
  multinacionais, 107
  pequenas, desaparecimento, 107
Fox, Daniel M., 32
Franças, Nicolau Rodrigues dos Santos, 78
Freire, Gilberto, 22
Freitas, Antônio de Paula, 77
Frontin, Paulo, 85
  defesa pelo Clube de Engenharia, 29
Função social
  aspectos, 7
  da engenharia, 7
  dos engenheiros, 8
Funcionalismo público, 57

## G

Galvão, Ignácio da Cunha, 77
Garcez, João Moreira, 73
Geisel, Ernesto, 112
Globalização, 14
  da economia, 107
Gomes, Henrique de Almeida, 46
Gorceix, Henri, 52

## H

Hawkshaw, Sir John, 77
Herweg, Klaus, 127

## I

Idade da Pedra Lascada, 3
Iluminação elétrica
  na cidade de Campos, 61
  na Estação da Corte, 61
  pública, 61
Imigração estrangeira, 95
Imperial Instituto de Agronomia, 53
Indicador de óleo e gás, 31
Indivíduos não diplomados, concorrência desleal, 27
Indústria, 8

Industrialização em São Paulo, 103
  surto de, 105
Inspetoria
  Federal de Obras Contra a Seca, 29
  Geral das Obras Públicas, 57
Instituto
  de Engenharia, 78
    Civis de Londres, diplomas, 30
  Eletrotécnico
    de Itajubá, 96
    e Metalúrgico de Itajubá, 53, 54
  Militar de Engenharia IME, 96
  Polytechnico Brasileiro, 77, 78

## K

*Know-how*, 98

## L

Le Corbusier, 65
Lei(s)
  3001 de outubro de 1880, 30
  estadual nº 2022, falhas, 87
  físicas, 13
Leite, José Pantoja, 85
Líderes industriais, 99
Linha(s)
  de bonde, 39
  de penetração
    função desbravadora, 43
    pelo sertão bruto, 42, 43

## M

Maciel, José Alvares, 20
Madeira-Mamoré, 43
Máquina(s)
  agrícolas, 56
  auxiliares da construção, 56
Material(is)
  da natureza, 7
  perda e deterioração, 14
Mercado
  de emprego, demanda de
    engenheiros, 103-108
  de trabalho
    dominado pela construção
      ferroviária, 51, 52
    final do Império, 56

Mestre(s) de obras, 27
Milagre brasileiro, 105
Ministério
  da Justiça, anteprojeto de
    regulamentação, 89
  da Viação, portaria de 1927, 88
  do Trabalho, 90
Modelo de privatização, 114
Modernização industrial, 107
Monlevade, Francisco, 84
Movimento positivista no Brasil, 33

## N

Necessidades humanas, 7
Negligência entre os mais jovens, 13
Noronha, Antônio Alves de, 63

## O

Obra(s)
  benéficas à sociedade, 8
  custo
    ecológico, 15
    financeiro, 15
    social, 15
  de caráter estratégico-militar, 23
  de engenharia
    ação executiva governamental, 56
    caráter
      objetivo, 8
      subjetivo, 8
    danos ecológicos, 16
    economia, 8
    estética, 8
    funcionalidade, 8
    segurança, 8
  de interesse político, 15
  faraônicas, 115
  fora da realidade nacional, 115
  inoportunas, 15
  mal planejadas, 15
  mirabolantes, 115
  no Império, 41
  orçamento incorreto, 15
  paralisadas, 14
    gravidade dos prejuízos
      consequentes, 14, 15
  problemas humanos consequentes
    das, 13

públicas
  demissões, 47
  paralisações periódicas, 47
  perseguições políticas, 47
  realizadas por comissões, 66, 67
Ottoni, Christiano Benedito, 33, 77

## P

Pacheco, Janot, 44
Pará, João Francisco de Madureira, 30
Passos, Francisco Pereira, 19
Pereira, Professor Dulcídio de
  Almeida, 4
Período de expansão da economia, 103
Petrobras, criação da, 115
Petróleo, choques do, 105
Política, engenheiros na, 111-116
  distanciamento, 114
Ponta dos trilhos, 44
  degredo social, 45
  perigos, 44, 45
Portos, abertura dos, 21
Prêmio Hawkshaw, 77
Primeira Guerra Mundial, 103
Primeiro Congresso de Estradas de
  Ferro, 42
Profissão(ões)
  da religião, 20
  das armas, 20
  das leis, 20
  de maior influência, na sociedade, 32
  independentes, 99, 100
  técnicas, no Brasil, 19
Profissionais de nível superior, 4
Progresso(s)
  aumento da violência, 16
  do café, 103
  material, efeitos negativos, 16
  técnico, fatores de desestímulo, 22
  tecnológicos, 13
    responsabilidades dos
    engenheiros, 14
Projetar, 13
Projeto(s)
  autor do, 123
  auxílio de métodos numéricos em
    microcomputadores, 119
  de engenharia, chefia superior de
    coordenação, 123, 124
  execução material, 8
  multidisciplinares, 123

## Q

Queiroz, Luiz Augusto Pereira de, 87

## R

Railway, colisão de trens, 31, 32
Real Academia de Artilharia,
  fortificação e desenho, 51
Rebouças, André, 77
Regulamentação da profissão
  de advogado, 84
  de construtor, 88
  de engenheiro
    em São Paulo, 86, 87
    exposição de motivos, 85
    no Brasil, 27, 83-91
    no Paraná, 87, 88
  eletricista, 88
  encanador, 88
Reis, Felipe dos Santos, 104
República, 57
  Velha, 111, 113
Resistência dos materiais, 89
Responsabilidade social
  da engenharia, 13
    nos currículos das escolas, 13
  dos engenheiros, 7-9
Revolução
  Constitucionalista de 1932, 116
  de 1930, 90
    Comissões de Sindicância, 47
    demissões na Central do Brasil, 47
  e 1932, 103, 104
  nas comunicações, 62
Rio, José Pires do, 87
Ruas em esquadro, 44

## S

Sá, Manoel Ferreira da Câmara
  Bittencourt e, 20
Salário dos engenheiros em órgão
  público, 72, 73
Santos, Augusto Ferreira, 98
Século XIX, escolas de engenharia
  criadas no Brasil, 95

Segunda Guerra Mundial, 105
Semana de Arte Moderna de 1922, 65
Serviços públicos, distorções
    salariais, 74
Silva, José Bonifácio de Andrada e, 20
Silva, Maurício Joppert da, 52, 84, 104
Sindicato
    Central, dos engenheiros, 79
    de engenheiros, do Pará, 79
Sociedade
    Brasileira de Engenheiros – SBE, 79
    e engenharia, 3, 4
    papel da engenharia na, 128

## T

Telefone, 61
Telégrafo elétrico, 61
Telles, Vicente Seabra, 20
Títulos de universidades estrangeiras, 86
Trabalho(s)
    desapreço brasileiro
        material, 20
        técnicos, 20
    dos engenheiros, 3
    livre valorização, 40
    mentalidade de horror ao, 21
Transporte(s)
    barreira de montanhas, da Serra do Mar, 38
    terrestres
        antigos, 38
        no Brasil, 37, 38
    urbanos, 61
Tredgold, Thomas, 8
Trens de lastro, 43

## U

Usina
    elétrica, 14
    hidrelétrica, Marmelos Zero, 62

## V

Vargas, Getúlio, , 90
Vauthier, Louis L., 31
Viação férrea
    progresso
        econômico, 38
        social, 38
Vida humana, modificações futuras, 120

## W

Warchavchik, Gregori, 65
Wells, James W., 22
Whately, Luis Alberto, 45

## Z

Zander, Romero, 46

Pré-impressão, impressão e acabamento

grafica@editorasantuario.com.br
www.editorasantuario.com.br

Aparecida-SP